대통령을 위한 과학기술,

시대를 통찰하는 안목을 위하여

대통령을 위한 과학기술,

시대를 통찰하는 안목을 위하여

최성우 지음

　　과학 및 기술, 그리고 과학기술의 정확한 개념 구분은 무엇이
며 그 존재 의미는 어디에 있는지 등에 대해 여전히 논쟁의 여지
가 많을 것이고, 보는 이들의 관점에 따라 다소 달라질 수도 있
다. 그러나 이러한 철학적, 인식론적 정의를 떠나서 오늘날 과학기
술은 국가발전 및 경쟁력 확보의 핵심 원동력으로 꼽히고 있으며,
따라서 세계 각국은 과학기술의 발전에 거액을 투자하며 온갖 노
력을 기울이고 있다.

　　특히 우리나라는 이제 경제 규모로 볼 때 세계 10위권 수준에
도달하였으며, 과학기술 측면에서도 사실상 강국에 속한다. 또한
최근 코로나19에 대한 초기 대처 과정에서 세계적인 주목을 받았
고, 문화적인 측면 등에서도 잇따라 큰 성과를 내면서 이제 우리
나라는 선진국의 문턱을 앞두고 있거나 이미 선진국에 진입을 하
였다고 평가받기도 한다.

　　한편으로는 세계적으로 기술적 패권과 무한경쟁의 시대를 맞
이하고 있고 국내적으로도 여러 난제와 취약점들이 도사리고 있

는 상황에서, 자칫하면 향후 선진국 도약은커녕 나락으로 떨어질지 모르는 위험도 상존하고 있다. 또한 최근 여러 감염병의 창궐, 지구온난화와 기후변화 등 전지구적 차원에서 중지를 모아 슬기롭게 해결해야 할 인류의 과제들도 눈앞에 닥쳐 있다.

더구나 과거 개발도상국 시절에나 유효했던 추격형 전략, 즉 선진국의 모델을 본받아 따라잡으려는 식의 전략은 더 이상 가능하지도 않다. 도리어 선진국을 비롯한 세계 각국이 이제는 우리의 행보를 주시하고 있는 상황이다.

국가의 과학기술정책, 행정과 지원체계 등이 새롭게 변화한 시대적 요청에 걸맞는 것이 되어야 할 것이다. 이를 위하여 무조건 과학기술에 대한 투자액을 크게 늘리는 것만이 해결책은 아닐 것이며, 합리적인 과학기술정책과 더불어 과학기술의 핵심적 사안들에 대해 오피니언 리더층을 비롯한 범국민적 이해와 합의가 꼭 필요하다.

우리나라의 역대 정부 역시 과학기술에 대해 관심을 쏟으며 여러 모토를 내세워왔고, 나름 성과를 낸 부분도 있다. 그러나 5년마다 그 아젠다가 바뀌어왔을 뿐 전반적으로 과학기술정책의 기본 철학에 대한 이해가 부족하거나, 알맹이가 없는 구호 차원에서 그친 부분들도 매우 크다.

즉 '과학기술 중심사회 구현'을 모토로 삼았던 참여정부에서는 이공계 공직 진출 확대와 과학기술 부총리제 신설 등의 성과에도 불구하고, 한편으로는 과학기술인의 권익을 크게 침해할 수 있는 문제적 법안이 태동하였고 황우석 사태로 온 나라가 혼란스럽기도 하였다. 국제과학비즈니스벨트 공약과 저탄소 녹색성장을 내걸었던 이명박 정부에서는 과학기술부, 정보통신부 등이 통폐합되는 등 과학기술계에 전반적으로 큰 퇴행이 발생하였고, 중이온가속기의 추진을 둘러싼 혼란을 자초하면서 과학기술 거버넌스 측면에서 매우 좋지 못한 선례를 남기게 되었다.

'창조경제 실현'을 외치며 뒤를 이은 박근혜 정부는 과학기술 주무부처의 명칭을 미래창조과학부로 변경한 것 외에는 과학기술 정책 관련 주요 사안의 개념과 성과 모두 모호하고 미진하기 그지없었다. 문재인 정부에서는 만병통치의 도깨비방망이라도 되는양 '제4차 산업혁명 시대'를 소리높여 외쳤지만 이 또한 정치적 수사에 머물렀고, 몇 가지 성과에도 불구하고 일선 과학기술인들로부터 '과학이 실종된 과학기술정책'이라는 혹평을 받기도 하였다.

정부 차원의 큰 그림에 대한 개략과 함께, 각 분야나 세부 정책들에 대해서도 면밀한 고찰과 평가가 꼭 필요할 것이다. 성과가컸고 성공적이었던 분야들은 그 요인을 잘 분석함으로써 지속적인 도약의 발판으로 삼아야 할 것이고, 부진하거나 실패로 돌아갔던 것들은 그 원인 및 경과 등을 철저히 고찰하고 반성함으로써, 실패를 되풀이하는 어리석음을 범하지 않고 이후에는 성공의 열매를 맺을 수 있도록 노력해야 할 것이다. 예를 들면 세계적으로 찬사를 들었던 이른바 K-방역은 지난 메르스 사태의 실패를 철저히 분석, 반성한 토대 위에서 탄생한 것이고, 이소연 씨의 먹튀 논란과 함께 알맹이 없이 끝났던 이른바 '한국인 우주인 배출 사업' 등은 처음부터 실패가 예정되었던 것으로 볼 수 있다.

과거의 성공, 실패 및 경험을 바탕으로 앞으로 무엇을 어떻게 해야 할 것인가? 모든 분야를 다 다룰 수는 없고, 특별히 중요하다고 생각되는 과학기술 분야별로 6가지(기초과학, 우주개발, 소재부품, 제4차 산업혁명, 감염병, 탄소중립), 이를 뒷받침하기 위한 관련 지원 분야 4가지(과학기술인력, 행정체계, 법령제도, 과학대중화), 모두 10개의 주요 키워드를 중심으로 하여 고찰하고자 한다.

나는 오랜 기간 현장 과학기술인단체, 즉 한국과학기술인연합(SCIENG)의 운영진으로 활동하면서 참여정부 이래 대통령 자문 국가과학기술자문회의 위원, 과학기술부 정책평가위원, 교육과학기술부 과학기술정책민간협의회 위원 등 각종 정부 자문과 위원회 활동을 하면서, 그동안 국가의 과학기술정책에 직간접적으로 관여해왔다. 또한 개인적으로 과학평론가로서 여러 신문 등에 칼럼을 연재하면서 정책과 행정, 관련 문제 등에 대한 조언도 함께 해왔고 일부 칼럼은 이 책의 본문에도 게재했다. 과학기술정책의 각 관련 분야에 이러한 나의 경험과 식견이 반영될 수 있을 것인데, 그중에는 내가 직접 관련 정책과제를 추진하였거나 프로젝트 리더로 참여한 경우도 적지 않다.

혹 일부는 그동안 내가 한 일들이나 그 의미를 과도하게 부풀린 것처럼 보이거나 자화자찬으로 불편하게 비칠지도 모른다. 그러나 나 그리고 내가 오랫동안 몸담아온 한국과학기술인연합이 제시한 방향으로 실질적인 변화가 이루어졌든, 아니면 이미 많은 이들이 생각해온 정책과 방안 등에 편승하여 한마디 더한 것에 불과하든, 한 발짝 최소 반 발짝 정도 앞서 나아가면서 이 나라 과학기술정책과 과학기술 발전에 나름대로 힘을 보태왔다고 생각한다.

이를 바탕으로 '10개의 키워드로 보는 정책 과제의 발자취와 전망'을 통하여 각 정책 과제별 변화와 역사를 정리하고, 향후의 과학기술정책 비전을 제시하고자 한다.

전반부에서는 주요 과학기술 분야별로 살펴보았다. 먼저 기초과학이란 무엇이며 왜 중요한지, 그리고 우리의 기초과학 발전과 우주개발을 위한 바람직한 전략을 모색해본다. 이어서 최근 일본과 분쟁을 겪었던 소재부품 장비 부문의 혁신, 유행어가 되다시피 한 제4차 산업혁명의 실체 및 향후 과제 등에 대해 살펴보고자 한다. 그리고 우리나라뿐 아니라 범세계적인 과제가 된 코로나

19 등 감염병에 대한 대응 방안 및 지구온난화라는 위기 극복을 위한 탄소중립 방안에 대해 고찰해보기로 한다.

물론 이외에도 과학기술의 여러 분야와 과제들이 있겠지만, 근래에 가장 핵심적이고도 중요하다고 여겨지는 분야들을 꼽아서 현장의 과학기술인 및 오피니언 리더 그리고 대중의 이해를 돕고 주요 이슈별로 합리적인 정책 방안을 함께 고민해볼 계기를 제공하고자 한다.

후반부의 지원 분야에서는 먼저 과학기술인력 관련 대책으로서 이공계 비정규직 문제와 이공계 대체복무제의 개선 과정 등을 다뤘고, 과학기술 행정체계와 아울러 바람직한 과학기술 거버넌스 방안에 대해 살펴본다. 그리고 직무발명제도와 특허법원을 중심으로 한 법령과 제도의 개선 및 향후 과제에 대해 고찰하고, 마지막으로 과학언론, 과학문화의 발전 및 과학대중화 문제에 대해서 살펴본다.

일부는 상당히 오래전의 사안을 포함하겠지만, 단순히 과거의 사례에 머무는 것이 아니라 현재도 중요한 의미를 지니고 있다는 점에 유의하여야 할 듯싶다. 그리고 이러한 과학기술 행정 및 법령, 언론 관련 문제를 더 이상 행정가나 법률가, 언론인에게만 맡겨서는 안 될 것이며, 과학기술인 스스로 보다 관심을 가지고 문제의 해결을 위해 주체적으로 힘을 보태는 것이 자신 및 나라의 과학기술 발전을 위해서도 바람직하다고 생각한다. 일반 대중도 과학기술에 대한 지식과 더불어 주요 정책과 이슈에 관심을 기울인다면, 이 책이 언급하는 '과학대중화'가 한 단계 고양되지 않을까 한다.

2022년 4월

최성우

| 차 례 |

PART 1

기초과학의
발전과 거대과학

PART 2

한국형 발사체와
우주개발

PART 6

지구온난화와 탄소 중립

PART 7

과학기술인력 관련 대책

PART 8

과학기술 행정체계와 거버넌스

법령과
제도의 개선

과학언론과
과학 대중화

기초과학의 발전과
거대과학

기초과학 연구는
왜 중요한가?

이제 우리나라도 세계 10위권 안 팎의 경제 강국이 되었을 뿐 아니라, 과학기술 면에서 본다면 그보다 순위가 앞서는 당당한 강대국이다. 우리나라의 전체 연구개발(R&D)비 투자 금액은 2020년 기준 93조 원을 상회하여 미국, 중국, 일본, 독일에 이은 세계 5위이다. 국제특허 건수는 세계 4위이며, 그 밖의 다른 지표들을 통해 살펴본 국가 과학기술 경쟁력 역시 우리나라는 이미 세계 최상위권에 속한다.

그럼에도 불구하고 여전히 상대적으로 취약하다고 언급되는 분야가 기초과학 연구 분야이다. 물론 기초과학 연구 역시 그동안 꾸준한 투자 확대가 이루어졌고, 국가 전체 연구개발비에서 기초 연구가 차지하는 비율은 14%를 넘는다. 이는 주요 선진국들과도 엇비슷한 수준이다. 우리나라뿐 아니라 선진 각국 역시 기초과학 연구를 크게 중시하는 것은 마찬가지인데, 기초 연구란 정확히 무엇을 의미하며 왜 중요한 것인지 먼저 알아볼 필요가 있다.

사실 기초 연구라는 정확한 개념 및 범주에 대해서부터 제대로 정의하기가 쉽지 않다. 이른바 융합과 통섭의 시대로 일컬어지는 오늘날, 기초 연구와 응용기술 연구, 그리고 제품개발 연구 등의 구분이 과거처럼 명확하지 않으며, 설령 구분하더라도 그 경계가 급속히 흐릿해지고 있다. 한편으로는 당장의 연구개발 목표 및 성과가 명확한 응용기술이나 제품개발 연구에 비해, 기초 연구 분야는 긴 안목에서 장기적이고 자율적인 연구가 차별적으로 요구되는 분야라는 점 역시 간과할 수 없다.

대체로 기초 연구란 '활용 목적이 아닌 자연 현상의 이해 및 새로운 지식을 얻기 위한 활동'이라 정의하고 있다. 즉 자연의 원리를 밝히려는 순수한 지적 호기심 차원의 연구로 인식되어온 것이다. 그러나 OECD 등의 국제기구나 정책 전문가들은 기초 연구를 다시 두 가지 범주로 나누어, 사회경제적 효익 등을 전혀 고려하지 않는 '순수기초'와 현재 또는 미래의 문제 해결에 이바지할 지식기반을 창출하기 위한 '목적기초'로 구분하고 있다.

이러한 개념 구분은 2000년대 초반 이후 우리나라의 과학기술정책에도 채택되어 오늘날까지 유용하게 사용되고 있으며, 나라 또는 학자마다 명칭과 개념은 조금씩 다르지만 대부분 유사하게 기초 연구를 둘로 구분하여 적용하고 있다. 그러나 순수기초 연구라고 해서 먼 미래까지도 경제적 효익이나 응용 가능성 등이 전혀 없는 것은 결코 아니며, 목적기초 연구라고 해서 반드시 향후의 문제 해결을 위한 성과를 거둘 수 있는 것도 아니다.

우리나라를 비롯하여 세계 각국이 장래의 활용 가능성이 불투명한 기초 연구에 거액을 투자하는 이유가, 과학자들의 지적 호기심 충족만을 위해서는 결코 아닐 것이다. 기초 연구는 성공할 경우 원천기술의 독점적 확보 등을 통하여 장기적으로는 응용기술이나 제품개발 연구보다 훨씬 큰 경제적 효용을 가져다주는 경우가 적지 않기 때문이다. 즉 금융상품에 비유한다면 '고위험-고수익' 상품이라 볼 수 있는데, 이러한 개념은 최근 고위험 연구에 대한 투자를 강조하는 미국의 기초 연구 계획에서도 적용되고 있다.

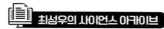

인류 문명 발전에 획기적으로 기여한 기초과학 연구 사례들

기초과학 연구의 중요성을 보다 잘 이해하기 위하여 과학기술 발전의 역사에서 몇 가지 예를 살펴보는 것이 도움이 될 것이다. 사실 인류의 문명 발전에 큰 영향을 끼친 획기적 기술이나 중요한 발명품들이 '기초 연구에 기반하여' 이루어진 것은 그리 오래된 일이 아니다. 즉 예전에는 기초과학적 지식보다는 기술자나 발명가 개인의 탁월한 장인적 재능과 경험 등이 더욱 중요한 관건이었다.

증기기관의 발명이 열역학이나 기계공학의 기반에 의해 이루어진 것은 아니며, 발전 순서는 도리어 그 반대였다. 비행기를 발명한 라이트(Wright) 형제 역시 비행의 원리 등에 대한 지식을 나름 쌓기는 했지만, 고졸 정도의 학력에 자전거포 직공이었던 그들이 유체역학을 제대로 이해했던 것은 아닐 것이다. 발명왕 에디슨(Thomas Edison, 1847~1931) 또한 물리학이나 재료공학 등에서 많은 지식을 지니고 있어서 전구를 비롯한 숱한 발명품을 완성해낸 것은 전혀 아니다.

그러나 대체로 20세기 초중반을 거치면서 기초 연구가 기술 및 제품개발에 직접적으로 기여하는 사례들이 나타났고, 이후 이러한 추세는 더욱 굳어지게 되었다. 대표적인 예가 듀폰(Du Pont) 사에서 개발한 화학섬유 나일론이다. 발명자 캐러더스(Wallace Hume Carothers, 1896~1937)는 유기화학을 전공한 화학자로서, 듀폰 사에 입사하여 기초과학연구부장으로 일하던 중에 우연히 나일론 개발의 계기를 접하게 되었다. 즉 연구팀원 한 명이 실패한 찌꺼기를 씻어 내려 불을 쬐다가 찌꺼기가 계속 늘어나서 실 같은 물질이 되는 것을 보고 합성 섬유의 개발을 추진하였고, 이후 수백 명에 달하는 듀폰 사의 화학기술자와 개발인력이 상품화에 총력을 기울인 끝에 나일론이 탄생하여 이른바 초대박 히트상품이 되었다. 나일론의 개발은 이처럼 기초 연구의 뜻밖의 성과와 뒤를 이은 응용, 상품화 연구가 어떻게 연결되어 대성공을 이루었는지 보여준 전형적 사례이다.

20세기 최고의 발명품 중 하나로 꼽히는 트랜지스터의 탄생 역시 기초 연구의 위력을 잘 보여주는 예이다. 벨 연구소에 근무하던 중에 트랜지스터를 공동으로 발명한 쇼클리(William Shockley, 1910~1989), 바딘(John Bardeen, 1908~1991), 브래튼(Walter Brattain, 1902~1987) 세 사람은 모두 고체물리학, 반도체 물리학의 대가로서, 단순히 기술적, 공학적 문제의 해결을 위해 트랜지스터를 발명한 것이 아니다. 즉 기초과학인 물리학적 지식이론과 실험 능력을 바탕으로 이루어진 것인데, 오늘날의 용어로 설명한다면 '목적기초 연구'의 성공사례라 하겠다.

나일론이나 트랜지스터는 기초 연구와 응용, 상품화가 비교적 짧

트랜지스터를 공동으로 발명한 바딘, 쇼클리, 브래튼(왼쪽부터)

은 기간 내에 이루어졌지만, 이와는 달리 기초 연구의 성과가 나온 지 상당히 오랜 세월이 지난 후에야 기술적으로 응용되거나, 이를 전혀 예상하지 못하는 경우도 적지 않다.

전자기파의 존재를 맥스웰 방정식을 통하여 수식적으로 예언한 맥스웰(James Clerk Maxwell, 1831~1879)과 실험을 통하여 이를 입증한 헤르츠(Heinrich Rudolf Hertz, 1857~1894)는 당시만 해도 '순수기초 연구' 차원에서 연구를 했을 뿐, 전자기파가 통신기술 등에 응용되리라고는 도저히 상상할 수조차 없었다. 그러나 마르코니(Guglielmo Marconi, 1874~1937)의 무선전신 발명 이후 텔레비전, 휴대전화 등이 탄생한 오늘날 우리는 가히 전자기파의 홍수 시대에 살고 있다.

트랜지스터만큼이나 중요한 발명품이라 평가되는 레이저 역시 기반이 되는 기초 연구와 기술, 제품 간의 간격이 무척 긴 경우이다. 1960년대에 탄생한 레이저는 1917년에 아인슈타인(Albert Einstein, 1879~1955)에 의해 발표된 '유도방출에 의한 전자기파 발생' 이론이 실마리를 제공하였다. 순수 물리학의 영역인 자신의 연구가 수십 년 후에 매우 중요한 응용광학기술과 제품을 낳으리라고는 역사상 최고의 물리학자로 꼽히는 아인슈타인이라 해도 전혀 예상하지 못했을 것이다.

최근 생명과학계에서 크게 각광을 받는 크리스퍼(CRISPR) 유전자가위는 미래를 바꿀 잠재력이 큰 첨단기술로 꼽히며, 이를 개발한 과학자들은 2020년도 노벨화학상을 수상한 바 있다. 그런데 이 역시 처음에는 실용적 목적과 거리가 멀어 보이는, 박테리아의 면역체계에 관해 다른 과학자들이 연구하던 과정에서 우연히 발견한 것이다. 다만 기초 연구의 결과로 본격적인 논문이 발표된 2012년에 특허들도 거의 동시 출원되는 등, 과거와 달리 기초 연구와 응용, 상품화 연구의 간격이 매우 짧아졌거나 거의 융합되는 특징을 보이고 있다.

거대과학의
빛과 그림자

기초과학뿐 아니라 과학기술의 연구개발에 있어서 매우 중요한 관건 중 하나는, 누가 그 비용을 댈 것인가 하는 문제이다. 근대과학이 자리를 잡기 시작하던 무렵 유럽에서는, 영국의 캐번디시(Henry Cavendish, 1731~1810)나 프랑스의 라부아지에(Antoine Laurent de Lavoisier, 1743~1794)처럼 과학자 자신이 부유했거나, 돈 많은 부자나 귀족이 취미 삼아서 과학 연구를 후원하는 경우가 많았다. 또한 오늘날에 비해 과학 연구에 드는 비용은 그다지 규모가 크지 않았다.

그러나 과학기술이 발전을 거듭하면서 연구개발에 드는 비용 역시 크게 증가했고, 이는 단순한 문제가 아닐 수 없게 되었다. 아무래도 비교적 빠른 경제적 효용을 기대할 수 있는 상품화 개발이나 응용기술 연구는 민간 비용이든 정부 비용이든 연구개발비를 따내 오기가 용이하다. 그러나 장래의 실질적 효용이 불투명하거나 연구의 목적 자체가 이와 거리가 먼 순수 기초과학 연구의 경우, 자연의 근본 원리를 밝히는 숭고한 목적을 위해 거액의 세금 등을 투입해야 하는지 의문이 따를 수도 있다. 물론 순수기초 연구라 해서 모두 다 큰 규모의 연구비가 소요되는 것은 아니지만, 순수기초 분야 중에서도 대표적이라 할 만한 입자물리학의 경우 가설이나 새로운 이론을 입증하기 위해서는 입자가속기 등 거대하고 값비싼 실험설비가 꼭 필요하다.

제2차 세계대전 이후 미국과 구소련의 냉전 시대에는, 기초과학 진흥에 정부가 아낌없이 투자할 수 있었던 커다란 동인 중 하나가 '군사적 요인'이었다. 당장은 아닐지라도 기초과학 연구를 통하여 언젠가는 새로운 형태의 핵폭탄이나 첨단무기의 개발 등에 크게 기여할 것이라 기대했기 때문이다. 군사적 목적과 전혀 관련이 없을 것처럼 보였던 순수기초 연구인 항성에 관한 천체물리학 연구조차 이후 수소폭탄 제조에 응용된 사례가 있다.

현대 과학기술의 중요한 특징 중 하나로서 이른바 거대과학(Big Science)이 자주 거론된다. 즉 거대한 입자가속기 등 특정 연구 설비로 진행하는 실험이나 중요한 연구 프로젝트에 수백, 수천 명의 수많은 과학기술자와 연구기관들이 동원되고 엄청난 거액의 비용이 투입되는 대규모의 종합적 연구개발 형태이다. 그런데 거대과학은 이른바 군산학복합체제로 일컬어지는 미국의 정치경제, 군사적 배경과 따로 떼어서 생각할 수 없다. 거대과학 이라는 용어 자체가 맨해튼 프로젝트, 즉 미국의 핵무기 개발계 획 추진과 함께 생겨난 것을 보면 더욱 그렇다.

그런데 냉전체제의 종식과 함께 여기에도 변화가 생겼는데, 지난 1993년 미국 의회는 이미 20억 달러라는 거액을 투입하였 던 초전도 슈퍼입자가속기(Superconducting Super Collider, SSC)의 건설을 중단하고 프로젝트 자체를 폐기하는 결정을 내렸다. 새 로운 초대형 입자가속기를 통하여 자연의 기본 원리를 밝히고 우주의 비밀을 풀 수 있으리라 기대했던 입자물리학자들은 커

건설이 중단된 채 한동안 방치되었던 초전도 슈퍼입자가속기(SSC)

다란 충격을 받았을 것이다. 그러나 미국의 정치인을 비롯한 대다수 오피니언 리더층은 구소련의 해체와 냉전 종식으로 '잠재적 군사 관련' 부문에 과도한 연구개발비 투입이 필요 없게 된 마당에 불가피한 선택이라 생각했을 것이다.

우리나라 과학기술정보통신부에도 거대과학을 담당하는 부서가 있는데, 우주개발, 핵융합기술, 입자가속기 관련 부문 등은 아무튼 우리 입장에서 거대과학이라 부를 만한 중요한 것들이다. 그러나 한정된 자원을 더욱 효율적으로 투입하여야 하는 우리로서는 그 의미와 발전 전략 등에 대해 보다 치열하게 고민하고 면밀하게 검토해야 할 것이다.

중이온가속기는
왜 애물단지가 되었나?

대덕 연구단지에 건설 중인 중이온가속기(RAON)는 거의 매년 국정감사 때마다 몰매를 맞곤 한다. 중이온가속기의 완공이 거듭 지연되는 문제 등에 대해 여당 야당을 가릴 것 없이 국회의원들의 매서운 질타가 이어지는 것이다. 정치인이나 관계 공무원뿐 아니라 뜻있는 과학기술인들조차도 이러다간 자칫 중이온가속기로 인하여 과학기술계 전체가 비난을 받고 국민들로부터 외면을 당하는 건 아닌지 우려하기도 한다.

예전에는 앞으로 우리나라의 핵물리학 및 관련 분야, 더 나아가서는 기초과학 전반의 발전에 큰 기여를 할 것으로 기대했던 중이온가속기가 어쩌다가 이렇게 천덕꾸러기나 애물단지 같은 신세로 전락하고 말았을까? 그 이유를 제대로 설명하려면 사실 쉽지 않은데, 여기에는 과거 이명박 정부 시절까지 거슬러 올라가는 오랜 연원 및 상당히 복잡한 정치적 이해관계 등이 얽혀 있다. 한마디로 말하자면 '첫 단추'부터 잘못 끼워졌다고 할 수 있다.

중이온가속기는 이명박 대통령이 17대 대통령 선거에 출마하던 후보 시절, 이른바 '국제과학비즈니스벨트' 공약과 함께 구체화되었다. 애초의 '은하도시'에서 용어가 바뀌기는 했지만 과학비즈니스벨트 건설은 이명박 후보의 과학기술 분야 대표적인 공약이었다. 그 골자는 세계적 수준의 기초과학 연구를 할 수 있는 기초과학연구원(Institute for Basic Science, IBS), 첨단 융복합연구센터 등의 대형연구시설을 설치하고 국제과학대학원, 외국인 학교 등 교육시설을 유치하며, 첨단의 벤처기업들로 구성된 산업단지를 구축하여 많은 사람이 모여들어 사는 미래형 과학 신도시를 만들겠다는 야심 찬 계획이었다. 즉 과학기술과 아울러 관련 비즈니스가 융합되어 번영하는 클러스터의 구축을 목표로 한 것이다.

그런데 기초과학연구원의 핵심연구시설로서 처음부터 중이온가속기가 거론되었는데, 다양한 종류의 입자가속기 중에서 왜 유독 중이온가속기가 부각되었던 것일까? 그것은 바로 이명박 대통령의 후보 시절부터 중추적 과학 참모 역할을 했던 물리학자 M 교수의 전공 분야가 바로 중이온가속기와 큰 관련이 있는 핵물리학이었기 때문이다. M 교수와 이명박 대통령 후보 간의 특별한 관계 또는 정치적 거래에 의하여 기초과학연구원과 중이온가속기가 태동하게 된 것이었다.

과학기술계의 입장에서 본다면 정치적 호불호를 떠나서 최고 집권자인 대통령(후보)이 과학기술 전반에 통 크게 투자한다는 데에 마다할 이유는 전혀 없었을 것이다. 특히 기초과학을 연구하는 과학자들로서는 정치인이나 고위 관료 등의 정책 결정 권자에게 기초과학의 중요성을 제대로 이해시키기가 쉽지 않은 데, 아무튼 M 교수가 중이온가속기를 매개로 하여 기초과학의 발전을 크게 촉진할 계기를 마련해준다면 충분히 환영할 만하였다.

그러나 이는 나중에 우여곡절을 겪으며 상당히 좋지 않은 결과와 바람직하지 못한 선례를 남겼다. 이명박 대통령은 기초과학을 비롯한 우리나라 과학기술 발전을 위한 소신을 지니고 국제과학비즈니스벨트를 추진했다기보다는 자신의 정치적, 정파적 이해를 달성하기 위한 수단으로 이용하려 했기 때문이다.

국제과학비즈니스벨트는 원래 세종시를 거점으로 하여 구축, 건설할 계획으로 예정되었는데, 이 당시는 세종시가 행정중심도시로 본격화되기 이전이다. 즉 노무현 정부 시절 세종시로의 행정수도 이전이 헌법재판소에 의해 위헌 결정이 나면서 세종시는 수도가 아닌 행정중심도시로 성격이 바뀌었으나, 이명박 정부 초기만 해도 상당수 정부기관들이 실제로 세종시로 이전할지가 매우 미지수인 유동적인 상황이었다.

이명박 대통령은 세종시 행정중심도시를 무산시키는 수단으로서 이를 정치적 무기화하여 활용했고, 국가의 중대 과학기술 정책이 정쟁의 대상이 되고 말았다. 즉 세종시에 국제과학비즈니스벨트를 줄 터이니 그 대신 행정중심도시는 포기하라는 거래를 성사시키려 한 것이다. 그러나 야당은 물론 여당 내에서조차 강력한 반발이 나오는 등 정치권 안팎의 극심한 반대에 부딪혔고, 충청남도 출신의 국무총리를 내세워 충청권 주민들의 민심을 돌리려는 노력도 헛되이 되고 말았다. 결국 2010년 말 세종시를 행정 중심의 특별자치시로 정하는 특별법이 공포되기에 이르렀다.

세종시가 당시 최고위층의 뜻과 달리 행정중심복합도시로서 추진되자, 위치조차 선정하지 못하고 그전부터 우왕좌왕 표류하던 국제과학비즈니스벨트는 한마디로 더욱 '찬밥'이 될 수밖에 없었다. 이명박 대통령은 2011년 초에 대선 공약에 얽매이지 않고 국제과학비즈니스벨트의 입지를 원점 재검토하겠다고 말했고, 이후 각 지방자치단체마다 치열한 유치 경쟁이 벌어지다가 결국 2011년 5월에 대전의 대덕연구개발특구에 설치하는 것으로 확정되었다.

이명박 정부의 임기 반이 더 지나서야 간신히 국제과학비즈니스벨트가 들어설 곳이 정해진 셈인데, 대덕이 그 거점으로 된 사실 역시 생각해볼 것들이 적지 않다. 대덕에는 전부터 이미 수많은 정부출연 연구기관과 민간 대기업 연구소, 중소 벤처기업들이 들어서 있는 우리나라의 대표적인 연구개발 클러스터로서, 국제과학비즈니스벨트가 되기에 처음부터 최적의 입지였을지도 모른다.

한편 과학기술계로서는 국제과학비즈니스벨트라는 대규모의 신규 투자를 통하여 새로운 과학기술 인프라가 구축되기를 기대했을 것이다. 하지만 이미 기존의 인프라가 갖춰진 대덕에 국제과학비즈니스벨트가 들어설 경우, 정부로서는 새로운 기반시설과 사회간접자본을 조성하는 비용을 거의 들이지 않아서 좋을지 몰라도 과학기술계에 실질적 도움이 될 만한 부분은 크지 않다. 국제과학비즈니스벨트라는 원래의 구상, 즉 대형 연구기관과 수준 높은 교육기관들이 신설되고 첨단의 기업과 학생, 거주민이 몰려드는 과학기술과 비즈니스가 융합된 미래형 도시가 새로 탄생하는 것은 기대할 수 없게 된 것이다. 그저 기존의 연구단지에 기초과학연구원과 중이온가속기만 추가되는 셈으로, 국제과학비즈니스벨트는 대폭 축소되었거나 사실상 물 건너 갔다고 해도 과언이 아니게 되었다.

그래도 기초과학연구원과 그 핵심 시설인 중이온가속기라도 얻게 되었으니 과학기술계로서는 상당한 실익이 아닌가 생각할 수 있겠지만, 이 역시 의문부호가 붙는다. 대부분 과학기술자는 M 교수가 중이온가속기와 국제과학비즈니스벨트를 '한 묶음'으로 따내 왔기에 어쩔 수 없이 중이온가속기가 불가피하다고 여겼을 것이다. 초기에 4,600억 원, 이후 1조 5,000억 원으로 불어난 거액의 건설비용이 필요한 중이온가속기가, 다른 분야보다 우선 투자해야 할 만큼 우리나라 과학기술 발전에 필수불가결하다고 생각하는 과학기술인은 해당 분야 외에는 별로 없을 것이다.

핵물리학 전공 또는 관련 분야의 과학기술자들은 중이온가속기가 지구상에 존재하지 않는 희귀 동위원소를 생성할 수 있어서 물질의 기원 규명과 우주의 진화 등을 밝히는 기초과학 연구에 큰 도움이 되고, 방사선의학 등 의생명과학과 물성과학, 신에너지 개발 등에 응용될 수 있을 것이라 주장한다. 물론 틀린 말은 아니겠지만 사실 중이온가속기를 이용할 만한 연구자들은 국내에 그리 많지 않은 편이고, 물리학, 화학, 생명과학, 신소재 및 각종 공학기술 등 폭넓은 분야에 활용 가능한 방사광가속기에 비하면 응용 분야가 제한적이고 일자리 창출 효과도 그다지 크게 기대하기 어렵다. 참고로 방사광가속기의 경우, 포항에서 운영 중인 기존의 방사광가속기에 더하여, 첨단의 차세대형 방사광가속기를 오창에 하나 더 짓기로 결정된 바 있다(2020년).

전체 연구개발 비용 면에서도 중이온가속기가 부담으로 작용할 우려가 있다. 근래 기초과학 연구에 대한 투자 비용이 크게 늘었다 해도 어차피 한정된 예산과 자원을 효율적으로 배분해야 하는 것은 마찬가지이며 무작정 증가할 수는 없다. 실제로 지난 정부 시절 기초과학연구원과 중이온가속기로 인하여 다른 분야의 연구개발 예산이 한때 감소한 적도 있다.

과학기술계 대다수가 동의할 만한 합리적인 과학기술 거버넌스와 의사결정 과정을 거치지 않고, 최고 권력층과 해당 분야 과학자의 특수한 관계에 의해 시작된 중이온가속기가 순탄하게 추진되지 못한 것은 어찌 보면 당연한 일이다. 그리고 중이온가속기를 제대로 추진할 만한 국내 관련 연구자 집단의 역량과 준비가 부족했다는 점 역시 커다란 문제로 지적된다. 게다가 너무 폐쇄적인 태도로 사업을 둘러싼 주도권 다툼이 벌어지는 등, 관련 연구자 집단의 복잡한 내부 사정에 대한 우려와 비판도 적지 않았다.

이런 총체적 문제로 중이온가속기는 초기의 기초설계 단계에서 표절 의혹이 제기되었는가 하면, 그동안 기본 계획이 여러 차례 바뀌고 건설구축사업단장 역시 자주 교체되는 난맥상을 노출하였다. 이로 인하여 착공 자체가 많이 늦어지고 완공 예정 시기도 지속적으로 늦어지면서 과학기술계 안팎의 따가운 시선과 호된 비판을 면하지 못하고 있다.

요컨대 중이온가속기는 정치적 거래를 등에 업은 잘못된 출발, 협소한 관련 연구 커뮤니티 및 역량과 준비 부족, 관련 행정가들의 이해 부족 등이 맞물리면서 지금껏 혼선을 겪고 있는 셈이다. 하지만 그렇다고 해서 어려운 와중에 중이온가속기의 완공을 위해 애쓰고 있는 과학기술자들을 무조건 비난만 하는 것은 바람직하지 않으며, 문제 해결에도 도움이 되지 않는다. 꼭 중이온가속기가 아니더라도 여러 예상치 못한 변수가 많은 대형 연구개발 사업들이 불가피하게 예정보다 늦어질 수도 있기 때문이다. 최근 중이온가속기 건설구축사업단은 단계별 완공으로 계획을 바꾸었다고 하는데, 현실적인 진단을 통하여 최선의 방법을 모색하면서 우리나라 과학기술 발전에 기여할 수 있는 길을 찾아야 할 것이다.

기초과학 혁신을 위한
전략과 제언

우리나라의 기초과학 연구가 앞으로 더 좋은 성과들을 내기 위해서는 어떠한 환경과 정책적 방안 등이 필요할까? 먼저 기초분야 연구자들이 안정적으로 연구에 몰두할 수 있는 환경을 제공하는 것이 가장 중요할 것이다. 관련 행정가들은 기초과학의 특수성을 잘 이해하여 자율성을 최대한 보장하고 단기적 성과에 집착하지 말아야 할 것이다.

비록 설립 과정에서 우여곡절을 겪기도 하였지만 기초과학연구원(IBS)처럼 실패를 용인하고 연구자의 자율성과 장기적인 연구를 가급적 보장하는 경우도 있는데, 기초과학 연구에서 이러한 연구 프로그램들이 더욱 확대되어야 할 것이다. 사실 기초과학 연구에서는 성공 아니면 실패라는 이분법적 잣대를 들이대는 것 자체가 매우 부적절하므로 평가의 기준과 방식 또한 달라질 수밖에 없다.

기초과학 진흥을 위한 거버넌스 방식 및 연구비 배분은 대단히 중요한 요소인데, 일각에서는 정부의 관리나 간섭을 최대한 배제하고 연구자 중심의 철저한 상향식 거버넌스를 해야 한다고 주장하기도 한다. 또한 정부가 주도하는 '선택과 집중'을 통한 연구개발은 과거 추격형의 시대에나 어울리는 전략일 뿐, 우리가 본받을 만한 선진국의 모델이 불투명해진 오늘날에는 더 이상 유효하지 않다고 얘기하기도 한다.

그러나 기초과학 연구도 분야나 성격에 따라서 상당히 다양하게 분류될 수 있는 데다가, 거대과학 등 여전히 정부 주도의 대규모 연구개발 사업이 불가피한 경우도 적지 않다. 미국 역시 과거 1990년대부터 시작하여 완결된 2000년대 초에 완결된 인간유전체프로젝트(Human Genome Project), 오바마 정부부터 시작된 뇌과학 연구계획인 브레인 이니셔티브(BRAIN Initiative) 등 거액의 연구비가 투입되는 정부 주도 프로젝트들이 추진된 바 있다.

따라서 우리 역시 목적기초적 연구, 그중에서도 중차대한 미래형 첨단기술로서 큰 파급력이 예상되는 부문 등은 정부 주도의 대규모 또는 중점 연구개발 사업이 불가피할 것이며, 이 경우에는 상향식 거버넌스나 공평, 균등한 연구비 배분보다는 선택과 집중이 불가피할 수 있다. 그러나 개인 연구 등이 중심이 된 순수기초 연구, 이른바 '풀뿌리 기초 연구'에는 앞서 강조된 상향식 거버넌스 방식과 가급적 골고루 지원되는 연구비 배분이 이루어져야 한다. 즉 앞의 크리스퍼 유전자가위 개발 사례에서 보듯이, 기초 연구에는 여전히 우연, 불확실성 등의 요소가 존재하므로 구체적으로 어떤 분야의 연구가 미래에 큰 성과를 낼지는 아무도 알 수가 없다. 따라서 이러한 풀뿌리 기초 연구는 정부의 관리 등을 최대한 배제하고 연구자 중심으로 추진되면서, 연구비 또한 소외되는 곳이 없도록 널리 지원되어야 한다.

또한 최근 기초과학과 응용기술, 상품화 개발 사이의 간격이 갈수록 짧아지고 거의 융합되는 추세를 보이고 있기는 하나, 이 또한 학문 분야에 따라 상당히 다르기 때문에 세부 분야별로 특성을 세심히 살펴야 한다. 물리학을 예로 들자면, 입자물리학 또는 우주론 연구처럼 기초와 응용의 간격이 매우 길거나 응용기술, 상품화 개발을 매우 기대하기 힘든 부문도 있고, 응집물질 물리학, 광학, 반도체 물리학처럼 기초, 응용, 상품화의 간격이 매우 짧거나 구분 자체가 어려운 부문들도 있다. 연구비 또한 일률적 기준을 적용하기 어려울 수 있는데, 규모가 큰 연구개발 사업은 수십억 원 이상이 투입되어도 모자랄 수 있는 반면에, 어떤 풀뿌리 기초 연구는 1년에 1억 원 정도만 되어도 요긴

하게 쓰이는 큰돈일 수 있다.

요컨대 기초과학 연구에 있어서 정부 주도의 중점 연구개발은 선택과 집중, 반면에 개인 중심의 풀뿌리 기초 연구는 폭넓은 지원이라는 '투 트랙' 방식의 거버넌스와 연구비 배분이 이루어져야 한다.

과거에 새로운 연구지원 사업이 등장할 경우 기초 연구 전체 지원 금액이 늘지 않고 기존의 사업 일부가 축소, 삭감되는 경우도 적지 않았다. 이처럼 '아랫돌 빼서 윗돌 괴는' 격으로 기초 연구의 안정성을 해치는 나쁜 선례는 더 이상 없어야 할 것이다. 특히 신진연구자들의 육성과 안정적 지원에 보다 힘을 기울여야 한다. 그동안 기초 연구 투자 규모가 크게 늘었고 다양한 기초 연구 지원사업들이 있었지만, 연구자들의 수 역시 증가하면서 현장의 과학자들은 충분한 기초 연구 지원을 체감하지 못하는 경우가 적지 않다.

따라서 한국연구재단 같은 정부기관만이 아니라 민간 부문에서도 기초 연구에 투자할 수 있도록 유도하여, 연구비 재원을 더욱 확대하고 다양하게 해야 한다. 특히 연구자 중심의 거버넌스를 통하여 널리 골고루 연구비를 뿌려야 하는 풀뿌리 기초 연구의 경우, 정부의 연구비 지원에는 한계가 생길 수 있다. 현대 생명과학기술 혁명의 기반이 된 분자생물학이라는 새로운 분야의 출현과 정립이 1930년대 이후 미국 록펠러 재단의 지원에 힘입었다는 사실은 시사하는 바가 크다. 우리나라도 몇 년 전 한 대기업이 자금을 출연하여 처음으로 기초과학재단을 출범시켰는데, 이와 같은 사례가 더욱 확대될 수 있는 사회적 분위기가 조성되어야 한다.

또한 기초과학 분야 연구자들도 스스로 유의해야 할 점이 있다. 새 정부가 들어설 때마다 과학기술정책과 역점 지원사업도 바뀌는 등 연구자들도 나름 고충이 적지 않을 것이다. 그러나 지나치게 시류에 영합하여 연구 분야를 정하거나 변경한다면, 이는 이 나라 기초과학의 장래는 물론 연구자 개인에게도 결코 바람직하지 못하다. 어느 세부 분야이건 남들이 당장 알아주든 알아주지 않든 꾸준하고 진득하게 연구에 매진한다면, 도리어 빛나는 연구성과를 낼 수 있는 날은 더욱 일찍 찾아올 것이다.

PART 2

한국형 발사체와
우주개발

한국인 우주인 배출 사업의
추진 및 경과

한국인 우주인 배출 사업은 고흥에 나로우주기지가 건설되고 최초의 발사체인 나로호 발사 계획이 구체화된 직후인 2000년대 초부터 태동하기 시작하였다. 특히 참여정부의 두 번째 과학기술부 장관이었던 오명 장관이 취임 직후인 2004년 1월부터 우주개발에 대한 국민적 관심사 고양 등을 목적으로 적극 추진하여 국가과학기술위원회에서 계획이 확정되었다.

SBS가 주관방송사로 선정되었고 공개적 선발 과정을 거쳐 치열한 경쟁 끝에 2006년 12월 고산 씨와 이소연 씨가 두 명의 최종 우주인 후보로 선출되었다. 두 우주인 후보는 우리나라와 우주기술협력협정이 체결되어 있었던 러시아의 우주인 훈련 센터에서 우주비행에 필요한 훈련을 받았으나, 당초 탑승우주인으로 정해졌던 고산 씨가 보안 규정 위반을 이유로 교체되어 예비 우주인이었던 이소연 씨가 탑승우주인으로 확정되었다.

이소연 씨는 2008년 4월 8일 러시아 바이코누르 우주 기지에서 발사된 소유스 우주선에 탑승하여 국제우주정거장(ISS)에 도착하였고, 그곳에 10일간 머물면서 여러 우주과학 실험 등을 진행한 후 4월 19일 소유스 우주선을 통하여 지구로 무사히 귀환하였다.

많은 국민들이 처음으로 배출된 한국인 우주인에 환호하였으나 이러한 흥분도 잠시뿐 그 성과는 오래가지 못하였다. 이소연 씨는 이후 대중강연과 행사 참석 등을 해오다가 MBA 과정을 공부하기 위하여 미국으로 유학을 떠났고, 그곳에서 결혼한

한국인 최초 우주인이었던 이소연 씨(왼쪽). 2008년 4월 17일 국제우주정거장 내에서

후 2014년에 결국 항공우주연구원에서도 퇴직하고 말았다. 이로써 한국인 우주인 배출 사업은 개운치 않은 뒷맛을 남기고 더 이상의 후속 사업이나 성과 없이 막을 내렸고, 이소연 씨에게는 이른바 '먹튀' 운운하는 대중적 비난이 쏟아지기도 하였다.

남의 나라 우주선 타는 한국 우주인,
무슨 소용이람?

4월 과학의 달이 성큼 다가왔다. 올해도 청소년들을 위한 과학축전 등을 비롯하여 각종 과학행사와 다양한 이벤트 등이 줄을 이을 전망이다. 해마다 개최되는 이러한 행사들도 물론 나름의 의미가 있고 과학기술계를 위해서도 일정 정도 기여해온 것은 분명한 사실이다. 또한 최근 들어서는 과학의 대중화 및 과학문화의 확산 차원에서 더욱 강조되어가는 느낌이다.

그러나 소모적이고 전시성이 짙은 비슷한 행사들이 되풀이되는 경우도 적지 않으며, 소기의 목적 달성과는 거리가 멀어지면서 본말이 뒤바뀌는 경우마저 생긴다. 입안 초기부터 적지 않은 논란에 휩싸여온 '한국인 우주인 배출 사업'이 그 대표적 예이다.

과학기술에 관심을 더욱 고양시키기 위한 전 국민적 이벤트로 추진한다는 이 사업은 도대체 무슨 의미와 효과가 있는지 알 수가 없다. 혹 우리가 자체적으로 제작하고 발사하는 우주선에 한국인을 태워 내보낸다면 나름의 의미가 있는 이벤트일 수도 있겠지만, 거액을 들여서 남의 나라 우주선 한번 타보는 것이 우리의 우주기술 발전에 무슨 도움이 되는가? 차라리 그 돈으로 우주기술 관련 부품 소재 등의 연구개발에 투자하거나, 관련 분야를 연구하는 젊은 과학기술인과 학생들에게 지원이라도 제대로 하는 것이 훨씬 효과적일 것이다.

일각에서는 범국민적 관심을 유도하고 청소년들에게 꿈을 심어줄 수 있다는 주장도 하는 듯하나, 현실과는 동떨어진 이벤트와 흥행몰이의 결과로 생기는 잘못된 국민적 자긍심과 헛된 꿈이라면 차라리 없는 것이 훨씬 바람직하다. 이는 과학문화의 확산이나 과학의 대중화에도 전혀 도움이 되지 않고 도리어 정반대의 결과를 낳곤 한다. 지난 황우석 사태로 인하여 그 후유증을 앓는 국민 대중들이 여전히 적지 않다는 사실을 벌써 잊었는가?

각종 정책을 입안하고 추진하는 행정 관료들의 입장에서는 뭔가 가시적으로 내세울 만한 실적이 매우 중요시될 수밖에 없을 것이다. 예를 들면 특정 사업을 추진하기 위해 건물을 짓고, 행사나 이벤트를 개최하고, 관련 자금을 확보하여 투입하는 일 등이 모두 향후 정부 업무 평가 등에서 '정량적 실적'으로 분류될 수 있다. 그러나 소기의 목적 달성과 효과 등을 '정성적'으로 엄밀히 따져 보면, 아까운 국고와 세금의 낭비에 그치거나 도리어 역효과를 부르는 경우가 발생할 가능성도 충분하다.

이러한 측면을 고려한다면, 특히 과학기술 분야와 같이 고도의 전문성과 다각적인 성찰을 필요로 하는 분야는 해당 부처에 대한 평가의 경우에도 가시적이고 정량적인 실적만을 중시해서는 안 될 것이다. 과연 여러 행정과 정책 수단들이 합목적적이고 적절한 것이었는가에 관해 냉정한 평가가 이루어질 수 있도록, 정부 내에서도 전반적인 인식의 전환과 합리적인 평가의 척도가 시급히 마련되어야 할 것이다.

— 2006년 3월 31일 《한겨레》게재 저자 칼럼

사업의 실패
원인 및 교훈

　　　　　　　　　　　이소연 씨가 비록 한국인 최초로 우주비행에 성공했다고 해서 이 사업을 성공했다고 평가하기는 대단히 어려울 것이다. 사실 이 사업은 시작부터 많은 의문이 제기되었고, 오명 과학기술부 장관의 제안을 처음 접한 노무현 대통령마저도 성과가 불분명한 전시성 사업이 될 것을 우려하여 재검토를 지시했다고 보도된 바 있다. 그러나 주무 부처 장관이 민간 주도 등을 내세우면서 강력히 추진하여 결국 사업이 진행되었다.

　　나는 이 사업이 한창 추진되던 2006년 3월 신문 칼럼에서 이를 강력히 비판하였고, 이후 당시 과학기술부 우주기술개발과장이 과학기술부의 홍보게시문을 통하여 나의 글에 반박을 해왔다. 반박글의 요지는 '본 사업은 한국 최초의 우주인을 선발해 국민의 과학기술에 대한 관심과 이해를 제고시키며, 선발된 우주인을 통해 유인 우주기술을 습득하고 지상에서 불가능한 우주과학실험을 수행하기 위한' 것으로서, 우주과학 실험과 아울러 과학의 대중화가 큰 목적인데 내가 과학의 대중화를 간과하고 있다고 비판했던 것이다. 나는 과학기술부 담당 과장이야말로 '과학 대중화'의 진정한 의미를 곡해하고 있는 것은 아니냐고 재반박을 했던 기억이 있다.

그리고 사업의 일회성, 전시성과 아울러 한국인 우주인 배출 사업에서 처음부터 논란이 되었던 또 한 가지는 바로 한국인 우주인의 성격에 관한 것이었다. 즉 진정한 의미의 우주인인지 아니면 우주여행객, 즉 단순 참가자인지 해당 우주비행 업무에서 이소연 씨 역할이 불분명했던 것이다. 이로 인하여 '국비 우주관광객' 아니냐는 비난마저 나올 수밖에 없었다.

국제우주연맹 및 우주학회, 미항공우주국(NASA)을 비롯한 각국의 우주개발기구 등은 이소연 씨를 우주인으로 인정하지 않고 우주비행 참가자(SFP, Spaceflight Participant)로 분류하고 있다. 공인 우주인이란 우주선의 선장을 비롯한 조종사(파일럿), 비행 엔지니어 등을 포함하는데, 이소연 씨의 우주실험 등은 정식 우주 임무로 평가되지 않은 셈이다.

그런데 한국인 우주인 배출 사업 실패의 책임을 이소연 씨

개인에게만 돌린다는 것은 매우 부당한 일이다. 본인이 원해서 우주인이 되기는 하였지만, 어찌 보면 이소연 씨 역시 왜곡된 정책의 피해자일 수 있기 때문이다. 항공우주연구원 퇴직 후에 이소연 씨에게 대중의 온갖 비난이 쏟아지자, 그녀는 정부에서 한국인 우주인 배출 이후의 후속 사업에 전혀 관심이 없었고 자신은 '반짝 상품'에 불과했다고 항변하면서, 최초 우주인이라는 타이틀로 평생 강연만 하면서 살아갈 수는 없는 일 아니냐고 답답한 심정을 토로하기도 하였다. 이소연 씨가 우주 공간에서 수행했던 일부 실험은 나중에 나름의 가치가 있는 것으로 평가받은 것도 있었으나, 후속 연구나 실험 제안은 모두 묵살되었다고 한다.

또한 우주비행 직전에 정부 부처가 통폐합되어 변경되면서, 국제우주정거장(ISS) 안에서 우주복 등에 붙어 있던 '과학기술부' 로고와 패치를 모두 떼어내고 '교육과학기술부'로 바꿔 다는 작업을 하는 바람에 다른 나라의 동료 우주인들이 황당해했다는 얘기도 들려줬다.

어떤 이들은 아무튼 이 사업으로 인하여 우주에 대한 국민적 관심도가 높아진 것은 맞지 않느냐고 주장할지 모르지만, 260억 원을 들인 대형 프로젝트치고는 성과가 너무 초라했다고 할 것이다. 그런 국민적 관심마저도 이소연 씨가 우주에 다녀온 이듬해부터 이미 싸늘하게 식어버렸기 때문이다. 정작 사업의 중요한 목적 중 하나가 과학의 대중화였다면, 일회성 사업에 그칠 것이 아니라 이소연 씨가 자신의 경험을 살려서 지속적으로 공헌할 수 있는 길을 마련해줬어야 할 것이다.

외국의 우주개발 역사와
최근의 흐름

20세기 들어서 비행기가 발명되고 각종 로켓이 개발되는 등, 항공 관련 기술이 급속히 발전하자 인류는 드디어 광대한 우주로의 도전을 시작한다. 광범위한 우주개발의 역사를 모든 분야에 걸쳐서 언급하기는 매우 어려우므로, 달과 화성 탐사를 중심으로 살펴보기로 하겠다.

인공위성의 발사로부터 시작해서 인간의 달 착륙, 다른 행성 탐사 등 본격적인 우주 탐사 및 개발은 과거 냉전시대의 정치, 군사적 대치 상황에서 미국과 구소련(러시아) 간의 경쟁적 노력의 산물이기도 하다. 우주개발은 과학기술뿐 아니라 군사적 면에서도 매우 중요한 의미가 있기 때문이다.

잘 알려진 대로 최초의 인공위성 발사는 구소련에서 먼저 성공시켰다. 구소련은 1957년 10월 4일 인류 최초의 인공위성 스푸

트니크(Sputnik) 1호를 발사하였고, 이 위성은 곧 성공적으로 지구로 신호를 보내왔다. 그보다 몇 년 후인 1961년 4월에는 우주비행사 가가린(Yurii Alekseevich Gagarin, 1934~1968)이 인류 최초의 유인 우주비행을 역시 미국보다 앞서서 성공시켰다.

우주 분야에서 잇달아 구소련에 뒤진 미국은 국가적 자존심마저 상처를 입었다고 여기면서 이후 우주개발에 막대한 비용과 국력을 쏟아부어 왔다. 구소련과의 치열한 경쟁 끝에 결국 1969년 7월 20일 미국의 우주선 아폴로(Apollo) 11호의 달착륙선인 이글호가 달 표면에 성공적으로 착륙하였고, 곧이어 암스트롱(Armstrong, 1930~2012)이 인류 최초로 달에 인간의 발자국을 남겼다. 미국은 1972년의 아폴로 17호까지 10여 명을 달에 착륙시켜 탐사를 계속하였으나, 그 후로는 행성 탐사 등 다른 우주개발사업에 더 주력하게 되었다.

인간이 달 외의 다른 천체, 그중에서도 행성 탐사를 위해 우주선을 쏘아 올리기 시작한 지도 상당히 오래되었다. 행성 탐사는 멀리 떨어져 있는 행성보다는 지구에서 가까운 금성과 화성, 특히 지구와 환경이 비교적 유사해서 물과 생명체의 존재 여부가 관심을 끄는 화성에 집중되었다. 비록 실패했지만 1960년 10월에 화성을 향해 소련에서 발사한 마스닉(Marsnik) 1호가 인류 최초의 행성 탐사선이며, 2년 후인 1962년 8월에 미국에서 발사한 금성 탐사선 마리너(Mariner) 2호는 처음으로 임무 수행에 성공하였다.

1970년대에는 미국의 바이킹(Viking) 1호와 2호가 화성에 최초로 착륙하여 화성 표면 사진들을 전송해주었고, 1997년 7월 화성 표면에 착륙했던 패스파인더(Pathfinder) 호와 탐사 로봇 소저너(Sojourner)는 화성 표면에서 과거에 물이 흘렀던 흔적인 퇴적암 등을 발견하는 쾌거를 이루었다. 그 후 2004년 1월에 화성 표면에 착륙하여 오랫동안 활동했던 쌍둥이 탐사 로봇 스피릿(Spirit)과 오퍼튜니티(Opportunity), 2012년 8월에 화성에 착륙한 핵전지 장착 탐사 로봇 큐리오시티(Curiosity) 역시 화성에서 물과 생명체의 존재 가능성 등에 관한 중요한 탐사자료들을 보내왔다.

2018년 화성의 적도 인근 평원에 안착한 인사이트(Insight) 호는 탐사 로버로 돌아다니면서 탐사하는 기존의 화성 탐사선과는 달리 한곳에 정착하여 화성의 내부 탐사 및 지진조사 등을 수행하기 위한 탐사선이었다. 화성의 땅속으로 파고 들어가 조사하려는 당초 목표를 달성하지는 못했지만 화성의 바람 소리를 탐지하고 지진 활동을 확인하였다. 2021년 2월, 화성의 예제로 크레이터(Jezero Crater)에 착륙한 미국의 탐사 로버 퍼서비어런스(Perseverance)는 화성의 암석과 토양 시료를 채취하여 이를 2030년 즈음 다른 탐사선을 통하여 지구로 가져올 계획이다. 탐사 로버와 함께 탑재되었던 소형 헬리콥터 인저뉴어티(Ingenuity)는 사상 최초로 화성의 하늘에서 비행에 성공하였다.

미국과 구소련(러시아) 외 나라들의 화성 탐사도 도전적으로 이루어져왔는데, 2003년에 유럽우주국(ESA) 15개 회원국과 러시아가 공동 발사한 마스 익스프레스(Mars Express)는 유럽의 첫 화성 탐사선으로서 화성의 남극에서 얼음을 촬영하는 데 성공하였다. 일본에서 1998년에 발사한 화성 탐사선 노조미(のぞみ)호는 궤도 진입에 실패하였으나, 2013년에 발사된 인도의 화성 탐사선 망갈리안(Mangalyaan)은 화성 궤도에 성공적으로 진입하였다.

아랍에미리트(UAE)는 아랍국가로는 처음으로 2020년에 7월에 화성 탐사선 아말(Al-Amal)을 발사하여 이듬해인 2021년 2월에 화성 궤도 진입에 성공하였고, 중국의 화성 탐사선 톈원(天問) 1호는 2021년 5월 화성 남부 평원에 안착함으로써 중국은 미국, 러시아에 이어 세계에서 3번째로 화성 표면에 탐사선을 착륙시킨 나라가 되었다. 세계 각국의 화성 탐사는 앞으로도 계속될 전망이다.

국가 주도의 우주개발은 과거 미국, 구소련(러시아)의 전형적 형태였고 중국 및 개발도상국들은 여전히 이러한 방식으로 우주개발에 나서고 있다. 그러나 2000년대 이후에는 민간 기업이 대거 참여하여 우주개발을 주도하는 형태로 패러다임이 바뀌고 있다. 예를 들어 아폴로 프로젝트 종료 후 미항공우주국이 1980년대부터 주도했던 우주왕복선 프로그램은 국제우주정거장에 사람과 물자를 실어나르고 허블(Hubble) 우주망원경을 설치, 수리하는 등 우주개발에 큰 공헌과 자취를 남겼으나, 2011년 7월 아틀란티스(Atlantis) 호의 임무를 끝으로 프로그램이 종료되었다.

그러나 2002년에 일론 머스크가 설립한 민간 우주개발업체 스페이스X는 재활용 가능한 화물로켓 팰컨(Falcon)과 유인 우주선 크루 드래건(Crew Dragon)을 개발하여 이미 사용하고 있다. 인류의 화성 이주라는 야심 찬 계획을 공표한 일론 머스크는 달 및 화성여행용 대형 우주선인 스타십(Starship)을 개발하여 시험하고 있다. 그 밖에도 각국의 여러 대기업과 스타트업, 벤처기업

국제우주정거장(ISS)에 도킹하러 접근 중인 스페이스X의 우주선 크루 드래건

이 상업적 목적으로 우주개발에 나서고 있다. 이러한 추세에 비추어 '뉴 스페이스' 시대가 왔다고 말할 수 있다.

세계 최고 부호 1, 2위를 다투는 아마존 창업자 제프 베이조스와 일론 머스크는 우주개발 역시 경쟁적으로 나서고 있다. 제프 베이조스는 자신이 설립한 우주개발업체 블루 오리진의 준궤도 관광용 우주선 뉴 셰퍼드(New Shepard)에 다른 유료 탑승객과 함께 타고 고도 약 100km까지 올라가서 짧은 시간 동안 무중력 상태를 체험하고 귀환하는 여행을 2021년 7월에 성공시켰다. 이보다 9일 앞서서 다른 민간 우주업체인 버진 갤럭틱의 리처드 브랜슨 회장은 '우주여객기'를 타고 86km 상공까지 올라가는 시험비행에 성공하였다. 스페이스X 역시 같은 해인 2021년 9월에 4명의 민간 여행객을 태운 크루 드래건이 국제우주정거장 궤도보다 높은 575km 상공까지 갔다가 돌아오는 데 성공하였다. 따라서 아직 비용이 매우 비싸기는 하겠지만, 2021년은 민간 우주관광이 본격화된 해로 기록될 만하다.

정부 주도이건 민간 주도이건 세계 각국이 오늘날 우주개발에 경쟁적으로 나설 수밖에 없는 이유를 몇 가지로 정리해볼 필요가 있다. 먼저 국가 안보와 군사적 필요성을 꼽을 수 있다. 과거 냉전시대에 미국과 구소련이 치열한 우주개발 경쟁을 한 것은 체제의 우월성 과시라는 정치적 목적 외에 군사적으로도 대단히 중요한 의미가 있었다. 인공위성을 띄워 올리는 목적 등에 사용되는 우주발사체는 바로 대륙간 탄도미사일(ICBM)과 사실상 다를 바가 없다. 근래에 우주개발에 적극적으로 뛰어든 후발국 중국과 인도가 현재 핵무기를 보유한 나라들이라는 사실을 잘 생각해봐야 한다.

미국 레이건 행정부 시절부터 태동한 이른바 스타워즈 계획 은 우주 공간에서 레이저 무기로 상대방의 군사위성이나 미사일 을 파괴하려는 것인데, 오늘날의 미사일 방어계획(MD)에도 이러 한 발상이 포함되어 있다. 휴대전화의 위치 찾기와 차량용 내비 게이션에 응용되며 이제 전 세계인의 일상생활에 깊게 파고든 위 성위치확인시스템(GPS)은 원래 군사적 목적으로 개발되었다.

두 번째로는 과학기술 발전의 측면인데, 우주에 대한 탐사는 자연과 만물의 본질을 밝히려는 자연과학이 추구하는 바와 크 게 부합한다. 지금까지 다양한 탐사선들이 달과 태양 그리고 화 성, 목성 등의 행성과 위성, 소행성을 탐사해왔는데, 이는 태양 계 탄생의 비밀 등을 밝히는 데에 큰 도움이 되어왔다. 화성이 나 유로파 등에 생명체가 존재하는지 확인된다면, 생명과학뿐 아니라 다른 과학 분야에도 대단한 충격과 파장을 일으킬 것이 다. 1990년에 우주왕복선에 의해 설치된 허블 우주망원경은 수 많은 천체사진 및 정보의 전송과 더불어 우주의 신비를 밝히는

데 크게 기여했고, 2021년 크리스마스에 성공적으로 발사된 제임스 웹 우주망원경(James Webb Space Telescope)은 더욱 기대를 모으며 천문학자뿐 아니라 전 세계의 과학자들에게 큰 선물이 되었다.

자연과학, 즉 기초과학뿐 아니라 온갖 첨단기술과 실용기술의 발전에도 우주개발은 직간접적으로 큰 영향을 미쳐왔다. 우주라는 극한의 환경을 견디기 위해 개발되는 기술은 당연히 지상에서도 중요하게 응용될 수밖에 없다. 아폴로 프로젝트가 컴퓨터기술의 발전 및 소형화를 촉진했는가 하면 형상기억합금, 연료전지, 메모리폼, 무선청소기, 냉동 건조식품 등 원래 우주개발의 산물로 탄생하였거나 우주선 안에서 가장 먼저 실용화된 첨단기술과 일상제품은 열거하기 어려울 정도이다.

세 번째로는 산업과 경제적 측면으로서, 최근 더욱 비중이 높아지고 있다. 스페이스X를 비롯한 수많은 민간 기업이 앞다퉈 우주개발에 뛰어드는 이유는, 막연히 꿈의 실현을 위해서라기보다는 엄청난 잠재성이 있는 새로운 시장으로서 현재 또는 미래에 '돈'이 되기 때문이다. 스페이스X는 미항공우주국과 계약을 통하여 자사의 로켓으로 국제우주정거장에 사람과 화물을 실어나르고 있는데, 갈수록 발사 비용이 낮아지면서 미 정부 당국 역시 비용을 크게 절감할 수 있게 되었다.

달과 화성에는 헬륨-3 등 향후 가치가 매우 크거나 지구에는 희귀한 광물과 자원이 대량 매장되어 있는 것으로 추정되기에 자원개발과 경제적 관점에서도 관심을 기울이고 있다. 앞으로 민간인 우주 관광, 한국 SF영화 〈승리호〉의 소재가 되었던 우주 쓰레기의 수거, 위성인터넷 및 영상촬영 등 위성을 활용한 각종 사업이 유망해 보이는데, 이런 분야에 이미 뛰어든 외국 기업들도 적지 않다.

우리나라의 위성과
발사체 개발 과정

선진국에 비해 최소 30~40년 늦었던 우리나라의 우주개발은 1990년대에 본격적으로 시작되었다. 우리나라 최초의 인공위성은 1990년에 발사된 우리별 1호(KITSAT-1)인데, 영국 서리대학의 기술지원으로 위성개발 교육프로그램을 통해 개발한 실험용 위성의 성격이 크다. 1999년에 발사된 우리별 3호(KITSAT-3)를 순수하게 국내 연구진에 의해 개발된 최초의 독자개발 인공위성으로 꼽을 수 있다.

우리나라 최초의 방송통신위성은 1995년에 발사된 무궁화 1호(KOREASAT-1)로서 미국 플로리다 주의 공군기지에서 델타 로켓에 실려 발사되었다. 그러나 보조로켓 하나가 제대로 분리되지 않아 목표 궤도에 도달하지 못해, 위성의 추진력으로 정지궤도에 진입하는 바람에 수명이 반으로 줄어드는 '절반의 성공'으로 귀결되었다. 뒤를 이은 무궁화 2호 및 3호는 1996년과 1999년에 성공적으로 발사되어 디지털 위성방송 및 멀티미디어 서비스 등을 제공하게 되었다.

또한 다목적 실용위성인 아리랑호(KOMPSAT) 및 우주관측 위성인 과학기술위성(STSAT) 역시 여러 차례 발사되었고, 정지궤도 통신해양 기상위성인 천리안 1호가 2010년에 성공적으로 발사되었다. 2018년 12월 5일에는 역시 우리의 독자 기술로 개발한 첫 정지궤도 위성인 천리안 2A호가 프랑스령 기아나 우주센터에서 아리안 로켓에 실려 발사된 후 교신에도 성공하였다.

그동안 발사한 크고 작은 인공위성의 수만 해도 모두 30개 가까이 되는 셈이니, 이제 우리나라도 위성 강국에 근접했다고 할 수 있다. 첫 위성인 우리별 1호는 무게 48.6kg의 소형위성이었으나, 2018년에 발사된 천리안 2A호는 무게 3.5톤으로 자동차보다 무거운 대형 위성이다.

그러나 그동안 독자적인 발사체가 없었기 때문에, 우리의 위성 발사를 다른 나라의 로켓에 의존할 수밖에 없었다. 우리의 인공위성을 쏘아 올리기 위한 로켓 개발 역시 1990년대에 시작되었다. 고체추진제를 사용하는 1단형 과학관측 로켓인 KSR(Korea Sounding Rocket)-I을 1993년에 두 차례 발사하여 130km 상공까지 도달하는 데에 성공하였고, 2단형 과학로켓인 KSR-II는 1998

년에 발사에 성공하였다. 또한 국내 최초의 액체추진제 로켓인 KSR-III를 독자적으로 개발하고 2002년에 발사하여 비행에 성공하였다.

하지만 KSR은 시험적 성격의 로켓들로서 실제로 인공위성을 쏘아 올릴 수 있는 수준과는 거리가 멀었다. 한국형 우주발사체 사업은 고흥의 우주센터 건설과 함께 진행된 나로호(KSLV-I) 계획에 의해 비약적인 전기를 맞게 되는데, 이는 사실 세계적으로 유례를 찾기 힘들 정도로 야심 찬 계획으로 볼 수 있다.

즉 기술개발 과정에서 중간 단계를 과감히 건너뛴 셈인데, 다른 분야처럼 기술 이전이 가능한 분야라면 바람직한 전략일 수 있겠지만, 우주개발 같은 극도로 폐쇄적인 기술 분야에서는 성공하기가 쉽지 않다. 더구나 로켓이 ICBM으로 전용될 우려 등 정치, 군사적 요인에 의하여, 나로호의 1단 로켓엔진을 동맹국인 미국이 아닌 러시아로부터 들여올 수밖에 없었다. 그러나 이 역시 러시아가 철저한 보안 속에 신형로켓을 우리나라에 판매한 것일 뿐이므로, 내심 기대하였던 로켓기술 습득의 효과는 그다지 크지 않았다.

아무튼 우여곡절 끝에 나로호는 2009년과 2010년의 두 차례 실패를 딛고 2013년 1월에 발사에 성공하였다. 나로호에는 나로과학위성이 탑재되어 있었으므로, 자체 개발한 인공위성을 자국의 발사장에서 쏘아 올렸으니 우리나라도 이른바 '스페이스 클럽'에 가입하였다고 언론은 보도하였다.

그러나 러시아제 1단 로켓을 장착한 나로호를 진정한 한국형 발사체라고 보기는 어렵다. 우리나라가 독자 기술로 개발한 한국형 발사체(KSLV-2) 누리호의 시험 발사가 2018년 11월 28일 고흥 나로우주센터에서 성공적으로 진행되었다. 75톤급 액체엔진 시험발사체가 목표 시간인 140초보다 길게 비행하여 최고 209km까지 오른 후 공해상에 떨어짐으로써, 한국형 발사체 누리호의 최종 개발에도 청신호가 켜졌다.

그로부터 약 3년 후인 2021년 10월 21일, 나로우주센터에서

한국형 발사체 누리호의 발사 장면(2021년 10월 21일)

발사된 누리호는 1단 엔진 및 2단 엔진을 성공적으로 분리하고 페어링 분리와 위성 모사체의 분리에도 성공하였으나, 3단 엔진이 조기 종료되는 바람에 아쉽게도 위성 모사체를 정해진 궤도에 안착시키지는 못하였다. 비록 완벽하게 성공하지는 못하였지만 누리호가 사실상 첫 한국형 발사체임을 감안한다면 예상을 뛰어넘는 성과를 거두었다고도 볼 수 있다.

누리호는 총 길이가 아파트 15층 높이 정도인 47.2m로 1.5톤의 실용위성을 탑재하여 지구 상공 600~800km의 저궤도에 쏘아 올릴 수 있으며, 추진체를 포함한 전체 중량은 200톤에 달한다. 세 개의 단계로 이루어진 발사체 엔진 중 맨 아래의 1단은 추력 75톤급 액체엔진 4기가 클러스터링으로 묶이며, 중간의 2단은 75톤급 액체엔진 1기, 맨 위 3단은 7톤급 액체엔진 1기로 구성된다. 약 12년의 개발 기간을 통하여 소요된 전체 예산은 거의 2조 원에 육박한다.

첫 발사에서 위성 모사체를 목표 궤도에 안착시키지 못한 누리호는 원인 조사와 구조 변경 및 보강을 거쳐 2022년 6월에 2차 발사를 할 예정이며, 이후 3차 발사도 계획하고 있다. 따라서 아직 갈 길이 먼 셈인데, 한두 번의 성공과 실패에 일희일비하지 않고 지속적으로 매진하는 진중하고 끈기 있는 태도가 개발자와 관계 당국 그리고 국민 모두에게 필요하다.

우리의 바람직한
우주개발 전략은?

한국형 발사체의 개발 성공이 성큼 다가온 현재, 그렇다면 우리나라는 앞으로 어떠한 목표와 전략을 가지고 우주개발에 임할 것인가? 정부 당국뿐 아니라 관련 분야를 연구하는 과학기술자 그리고 국민들도 다 함께 진지하게 숙고해봐야 할 중차대한 문제이다.

이에 앞서서 참고가 될 만한 몇 가지 질문을 던지기로 한다. 먼저 중국이 2003년 선저우(神舟) 5호로 세계 세 번째로 유인 우주선 발사에 성공하기까지, 왜 유럽과 일본은 유인 우주선을 개발하지 않았을까? 유럽 각국과 일본이 중국보다 우주기술이 뒤떨어졌기 때문일까? 그리고 미국은 아폴로 계획이 종료된 1972년 12월 이후 거의 50년간 왜 더 이상 달에 가지 않았을까?

중국의 선저우 유인 우주선 발사나 미국의 아폴로 프로젝트나 똑같이 정치적인 면이 매우 큰 비중을 차지했다는 데 그 해답이 있다. 통신위성 발사 등 전 세계 발사체 시장에서 절반 이상의 점유율을 차지하고 있는 아리안 로켓을 보유한 유럽우주국(ESA)이, 중국보다 기술력이 모자라서 그동안 유인 우주선을 개발하지 못한 것은 아닐 듯싶다. 중국이 구소련(러시아), 미국에 이어 유인 우주선을 쏘아 올린 배경에는, 정치적 효과 등을 겨냥한 중국 정부의 의도도 상당히 중요한 요인으로 작용했을 것이다. 특히 영상조작설이 있었던 선저우 7호를 발사한 2008년 9월은 중국이 처음 개최한 베이징 올림픽이 끝난 직후로, 중국은 '대국굴기(大國崛起)'를 한창 뽐내고 싶었을 시절이다.

미국의 아폴로 우주선 역시 비슷한 조작설이 나돌면서 '인류는 달에 간 적이 없고 모든 것이 꾸며진 사기극일 뿐'이라는 식의 음모론을 여전히 철석같이 믿는 사람들이 적지 않다. 이런 달착륙 조작설 자체야 물론 크게 잘못된 것이지만, 미국의 아폴로 프로젝트에 정치적 요소가 너무 크게 개입되어 있었다는 점을 지적하고자 하는 의도와 비판이 내재되었다고 볼 수도 있다.

미국이 1972년 이후 더 이상 유인 우주선을 달에 보내지 않은 이유는, 소기의 목적이 이미 달성된 마당에 막대한 비용을 들여 굳이 더 가볼 필요가 없었기 때문이다. 오랜만에 다시 인간을 달에 보내려는 계획, 즉 최근 미항공우주국에서 추진하고 유럽 각국과 일본을 포함하여 우리나라도 참여하기로 약정한 아르테미스(Artemis) 프로젝트는, 향후 달 기지 건설 및 평화적 목적의 공동 탐사 등 과거 아폴로 계획과는 매우 다르게 추진될 예정이다.

우리나라가 우주개발을 하는 이유와 목표는 무엇일까? 앞서 언급한 세 가지 중 국가 안보 및 정치, 군사적 목적을 위해서인지, 아니면 과학기술의 발전 또는 경제, 산업적 면이 더 중요해서인지에 대해 더 명확히 해야 할 것이다. 물론 일부러 한 가지 면만 국한할 필요는 없으나, 그래도 그중 가장 중요한 것이 무엇이고 부차적인 것이 무엇인지 목표와 위상을 뚜렷이 해야 할 것이다.

발사체 등 우리나라의 우주개발 기술 수준은 미국, 유럽, 러시아 등 우주개발 선진국뿐 아니라, 후발국인 중국, 일본, 인도와 비교해도 아직 많이 뒤처진 편이다. 연구개발 인력 또한 부족한 형편이고 일부 분야를 제외하고는 우주개발에 관련된 민간 기업들의 역량도 그다지 높지 않다. 따라서 '뱁새가 황새 따라가려' 무리해서는 매우 곤란할 것이고, '친구 따라 강남 가는' 격으로 과거 정부에서 발표했듯이 우리도 몇 년도까지는 달에 자체 유인 우주선을 반드시 보내겠다는 식의 무모한 계획은 지양해야 한다.

엄밀하게 당장 경제적인 면만 따진다면, 한국형 우주발사체는 그 가치가 별로 없다는 주장도 나올 수 있다. 수많은 인력과 시간, 노력을 투입하여 발사체를 자체 개발하는 데 소요되는 막대한 비용보다는, 갈수록 발사 단가가 낮아지는 외국 로켓을 빌려서 인공위성을 쏘아 올리는 편이 훨씬 돈이 적게 들 수 있다.

한국형 발사체 누리호를 완성하여 구체적으로 무엇을 하려는 것인지, 그리고 이후에는 어떻게 하겠다는 것인지가 명확하지 않다고 지적하는 이도 있다. 따라서 우주개발에서 일단 목적을 명확히 하고 우리나라가 잘할 수 있는 쪽이 무엇인지, 어느 방향이 바람직한지 차별화된 전략이 필요하다.

중국은 유인 우주선과 텐궁(天宮) 등 우주 정거장 쪽에서 우월한 위치를 점하고 있고, 하야부사(はやぶさ) 호를 소행성에 착륙시켰던 일본은 특히 소행성 탐사에서 강세를 보인다. 우리나라에 적합한 '틈새 전략'을 고려할 수도 있는데, 일단은 발사 횟수가 적지 않은 우리나라의 인공위성들부터 우리의 발사체로 쏘아 올리고, 향후 개발도상국들의 인공위성 제작과 발사를 대행하는 것이 바람직할 것이다. 다만 이러한 위성발사체 시장 진입에 있어서도 세계적 동향이 수시로 바뀌는 등 많은 변수가 있고 여러 가지 요소가 고려되어야 한다. 그래서 생각보다 만만치 않을 수 있다.

또한 유럽우주국(ESA)의 경우처럼 인접 국가인 중국, 일본과 공동으로 우주개발을 추진하는 방안도 생각해볼 수 있겠지만, 정치적 상황이나 각국의 이해관계를 고려하면 기대하기가 어려울 듯싶다. 물론 우주개발에 있어서 경제적 가치로 환산하기 어려운 국위선양이나 국민적 자긍심도 무시할 수 없다. 그러나 그것이 우주개발의 가장 중요한 목적이 된다면 그야말로 주객과 본말이 전도되는 셈이다. 투입할 자원과 여력이 넉넉하지 못한 우리로서는, 우주개발에서 가장 바람직한 것들을 심사숙고하여 합의를 이루어야 한다.

마지막으로 미항공우주국이나 일본 우주항공연구개발기구(JAXA)처럼 우리도 독자적으로 우주개발 관련 행정과 연구개발 업무를 총괄할 이른바 '우주청'을 설치해야 한다는 주장이 적지 않은데, 우주청은 과연 필요할까? 지난 20대 국회에서 몇몇 의원이 대통령 직속 또는 국무총리 산하의 우주청 설립을 제안하는 관련 법안 개정안을 낸 적이 있다.

그런데 외국의 사례를 보면 우주 전담 조직이라 해도 다 같은 위상과 성격이 아니다. 즉 미항공우주국은 산하에 여러 연구소를 두고 있지만 그 자체로는 에이전시(Agency), 즉 행정조직이라 볼 수 있고, 일본의 우주항공연구개발기구는 행정 관청이라기보다는 기존의 관련 연구 조직이 통합된 연구소의 성격에 가깝다. 국가 우주개발 정책의 컨트롤타워를 확립하자는 취지에 공감한다 해도, 우주청 신설에는 부정적이거나 조심스러운 견해를 보이는 현장 연구자들이 적지 않다. 즉 우주청 또는 우주 전담 행정조직을 신설한다 해도, 어디에 어떻게 설치할 것인지가 중요한 관건이다.

내부 사정에 밝은 유관 연구기관의 한 과학자는 "만약 우주청이 생긴다면 우리의 상황에서는 원래의 취지와는 달리 '옥상옥(屋上屋)'이 되어 관리 인력만 늘어날 뿐 도리어 연구개발을 위축시킬 가능성도 있다"면서 우려를 표하였다. 그러면서 연구개발의 강화와 인력의 확충이 더 시급하므로 행정조직의 개편 역시 여기에 초점을 두어야 한다고 강조했다.

외국의 경우를 참고한다 해도 우리와는 체제가 다른 중국의 국가항천국(国家航天局)이나 예산 확보 시스템이 다른 미항공우주국은 우리의 모델이 되기 어렵다. 그보다는 정부 수반인 총리가 우주개발전략 본부장으로서 직접 컨트롤타워 역할을 하고, 문부과학성 산하 우주항공연구개발기구가 있는 일본의 경우가 우리가 추구할 모델에 더 가까워 보인다.

우리나라 역시 기존에는 과학기술정보통신부 장관이 맡았던 국가우주위원회 위원장이 2021년에 국무총리로 격상된 바 있다. 한 걸음 더 나아가서 대통령이 국가우주위원회 위원장이 되어 산하에 기획재정부, 국방부, 산업자원부 등 관련 부처의 장관이 참여하고, 과학기술정보통신부 장관이 간사위원이 되는 구조로 개편하는 것이 우주 거버넌스의 강화에 더 도움이 될 것이다. 뒤의 장에서 살펴볼 과학기술행정조직의 개편과 연관 지어서 함께 고려할 과제로 보인다.

PART 3

소재, 부품,
장비의 혁신

소재 부품 장비 산업의
기존 현황 및 문제점

　　　　　　　　　　　　　　이른바 소·부·장이라는 약칭으로 자주 거론되어온 소재 부품 장비 산업은 몇 년 전 발생한 한국과 일본 간의 반도체 소재 분쟁을 계기로 그 중요성이 크게 부각되면서 대중적으로도 널리 알려지게 되었다. 그러나 그 이전부터 소부장 산업은 국가 주요 산업의 한 축으로서 커다란 역할을 해왔다.

　소부장 산업이라는 것이 정확히 어떤 영역의 산업들을 지칭하는 것인지 개념상 모호하거나 혼동을 야기하는 경우도 적지 않다. 예를 들어 우리나라 전체 수출액에서 상당한 비중을 차지하고 있는 반도체, 디스플레이, 배터리(2차전지)는 이른바 '21세기를 이끌 3대 전자부품'으로 꼽히지만, 일반적으로 반도체 산업이나 디스플레이 산업 전체를 소부장의 하나로 여기지 않는 경우가 많다. 반도체의 경우만 해도 수백 개 이상의 공정에서 무척 다양한 소재와 장비 등이 필수적인데, 대체로 소부장 산업이라 함은 이들 반도체나 배터리 등을 만드는 데 필요한 소재를 제공하고 공정 장비를 공급하거나, 자동차나 선박 등의 완성품에 들어가는 수많은 부품을 생산하는 산업을 일컫는다.

소부장 산업은 전기전자 산업, 석유화학 산업이나 조선업 등과 같이 범주가 명확하지 않고 여전히 중복되거나 경계가 모호한 면이 있지만, 2018년 통계를 기준으로 우리나라 전체 제조업 생산 중에서 소재, 부품, 장비가 차지하는 비중이 반을 넘는다. 따라서 우리나라에서 소부장 산업은 곧 제조업의 근간을 이루는 셈인데, 관련 사업체는 거의 3만 개에 육박하여 전체 제조업체 수의 43%를 차지하고 있으므로 고용 효과, 즉 일자리 창출에서도 중요한 역할을 하고 있다.

우리나라 소부장 산업의 또 다른 중요한 특징은 사업체 중에서 대기업이 아닌 중소 또는 중견기업의 비중이 무려 98%를 넘는다는 점이다. 이로 인하여 전통적으로 소부장 기업은 곧 중소기업으로 여겨져왔다. 그러나 우리나라 산업 구조의 오랜 고질적 문제로 지적되어온 대기업과 중소기업 간의 격차 및 대기업을 중심으로 하는 수직적 종속 구조로 인하여, 우리 소부장 산업의 기술력은 그리 높지 않아 세계적 수준에 미치지 못하는 경우가 많았다.

이로 인하여 소부장 산업은 우리나라의 무역 적자, 특히 일본과의 무역 수지에서 큰 적자를 내는 가장 큰 요인으로 꼽혀왔다. 2018년 기준 대일본 무역 적자의 93%가 소부장의 영역인데, 2001년에는 소부장에 의한 대일본 무역 적자가 대일본 전체 무역수지 적자액보다 도리어 더 컸으므로 비율 면에서는 그나마 예전에 비해 조금 나아진 수준이라 하겠다.

이처럼 국가 산업에서 큰 비중을 차지함에도 불구하고 기술적 수준과 구조적 면에서 취약함을 면하지 못했던 소부장 산업의 발전을 위해, 정부에서도 오래전부터 나름의 노력을 기울여왔다. 국민의 정부 시절인 지난 2001년부터 부품소재 발전 기본계획 등이 수립, 추진되었고, 뒤이은 역대 정부에서도 지속적으로 소부장의 발전 대책 및 경쟁력 강화를 위한 여러 정책을 펼쳐왔다.

그럼에도 불구하고 최근까지, 즉 한일 간의 반도체 소재 분쟁 당시까지도 정부의 기존 소부장 대책들은 별다른 효과를 내지 못하면서 대부분 소기의 목적을 달성하지 못하였다. 한일 분쟁 당시 직접적 타깃이 되었던 품목들을 비롯하여, 우리나라의 주력 수출상품을 포함하여 수많은 분야에 필요한 소재 부품 장비 중에서 수십 개 품목이 무려 90% 이상 일본 의존도를 나타

냈기 때문이다.

물론 이처럼 소부장의 과도한 일본 의존이 꼭 정부의 정책 실패 탓만은 아니고, 이른바 글로벌 밸류 체인(global value chain)에 따른 한국, 일본, 중국 등의 국제적 분업 체계 속에서 불가피한 측면도 없지 않았다. 그러나 과거 중국과 일본과의 이른바 희토류 파동, 즉 센카쿠 열도를 둘러싼 중일 국경 분쟁에서 중국이 희토류의 일본 수출 금지로 보복 조치를 취하자, 일본은 불과 하루 만에 백기 투항할 수밖에 없었던 교훈을 간과하고 있었던 셈이다. 광물자원이든 소재 부품이든 한 나라에만 지나치게 의존할 경우 나중에 어떤 일이 벌어질지 충분히 예상할 수 있으므로 미리 대비책을 강구했어야 마땅하다.

소부장 산업에서 과도한 일본 의존도를 탈피하지 못했던 가장 큰 이유로서, 나는 앞에서 언급한 대기업과 중소기업 간의 불평등한 구조를 꼽을 것이다. 일본에서 수입해오던 핵심 품목들을 대체하여 국산화하고자, 상당수의 소부장 중소기업은 자체 연구개발 등을 통하여 그동안 나름의 노력을 기울여온 경우가 많다. 그러나 중소기업에서 설령 힘들게 국산화에 성공한다고 해도 제대로 된 값을 받고 대기업에 공급하기란 무척 어려운 경우가 대부분이다. 수입대체품의 납품을 받아줄 만한 대기업에서 우월한 지위를 바탕으로 무리한 요구를 강요할 뿐 아니라, 도리어 국내 중소기업의 자체 개발을 빌미로 기존 수입선인 일본 업체에 단가 인하를 압박하는 매우 바람직하지 못한 행태를 보이는 경우도 비일비재했다.

물론 대기업의 입장에서는 비용 면 외에도 중소기업이 새로 국산화 개발한 제품의 안정성이나 신뢰성에 의문을 품을 수 있으며, 차라리 글로벌 밸류 체인에 의한 기존의 안정적 공급망에 의존하는 것이 더 합리적이라 판단할 수 있다. 그러나 국가 산업 전반의 발전과 긴 안목에서의 상생을 염두에 두기보다는, 당장 눈앞의 이익이나 편이만을 좇은 결과는 언젠가 치명적인 부메랑이 되어 돌아올 수 있다.

일본과의 소재 분쟁의
교훈 및 향후 전망

　　2019년 7월 1일, 일본 아베 정부는
우리나라의 주력 상품인 반도체와 스마트폰 등의 제조에 필수적
인 세 가지 품목, 즉 포토레지스트(Photoresist)와 고순도 불화수소
(Hydrogen Fluoride), 플루오린 폴리이미드(Fluorinated Polyimides)
에 대한 수출 규제 강화 방침을 발표하여 한국과 일본 간 소재
분쟁의 막이 올랐다. 포토레지스트란 반도체 공정에서 기판 위
에 초미세 회로를 형성하는 감광 수지이며, 에칭가스라고도 불
리는 고순도 불화수소는 반도체의 식각 공정과 세정제의 용
도로 널리 쓰이며, 플루오린 폴리이미드는 TV와 스마트폰 등의
OLED 패널 제조에 필수적인 필름으로 사용되는 핵심 소재이다.

　　이들 품목 중 에칭가스는 43% 이상, 나머지 두 소재는 90%
이상 높은 일본 의존도를 보였다. 일본 정부는 우리 산업에 정

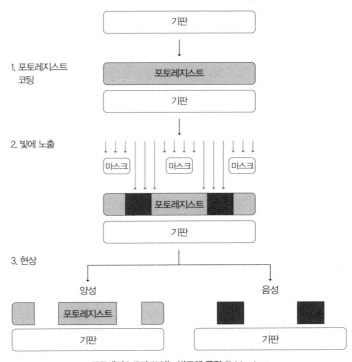

밀 타격을 가하고자 한국을 화이트리스트, 즉 수출절차우대국에서 제외하여 수출 때마다 개별 허가를 받도록 까다롭게 한 것이다. 일본이 이같이 기습적인 조치를 취한 것은, 물론 강제징용 피해자들이 일본 기업들을 상대로 낸 손해배상청구소송에서 우리 대법원이 승소 판결을 내린 데에 대한 보복 조치였을 것이다.

　일본 측의 무역 보복에 맞서 우리 정부는 소재 부품의 대일본 의존도를 낮추고 기술자립화를 추진하는 방향으로 정면 대응을 천명하였으나, 일부 언론과 정치권은 외교적 해결을 강조하면서 우리 산업에 피해가 가지 않도록 사실상 일본에 고개를 숙이고 양보할 것을 촉구하였다. 반면에 과거사에 대한 반성 없이 치졸한 보복을 자행하는 일본 정부의 태도에 분노한 우리 국민들은 이른바 노재팬(No Japan), 즉 대대적인 일본제품 불매운동에 나서기도 하였다.

나는 당시에 비록 단기적으로 우리가 커다란 난관에 봉착한 것은 사실이지만 위기를 기회로 삼아 적극적인 대책을 추진해나간다면, 핵심 소재 부품들을 국산화하고 낙후되었던 소부장 산업구조를 개선할 수 있다고 생각하였다. 게다가 결국은 일본 측이 소기의 목적을 전혀 달성하지 못하고 도리어 일본 기업들이 손해를 보게 되는 일석삼조의 효과를 거둘 수 있다고 보았다.

정부 역시 비슷한 견해를 지니고 있었던 듯하다. 발등의 불이 떨어졌던 상황에서 신속하게 대응 방안을 준비하여 일본의 규제 조치 한 달 후인 2019년 8월 5일, '대외의존형 산업구조 탈피를 위한 소재·부품·장비 경쟁력 강화 대책'을 관계부처 합동으로 발표하기에 이른다. 주요 골자는 첫째, 수입국 다변화 및 국내 신증설 확대, 핵심기술의 조기 개발을 통하여 100대 품목의 조기 공급 안정성을 확보하고, 둘째, 수요기업과 공급기업 간의 건강한 협력 모델을 구축하여 효과적인 협력 생태계를 조성하며, 셋째, 소재부품 특별법을 전면적으로 개편하고 범정부 긴급대응체제를 가동하는 등 강력한 추진체제를 통해 전방위적 지원을 이루겠다는 방침이었다. 이에 따라 국가과학기술자문회의는 소재·부품·장비 기술특별위원회를 설치하고, 정부 부처에서도 경제부총리가 위원장, 산업통상자원부장관이 부위원장을 맡는 소재·부품·장비 경쟁력 위원회가 발족하는 등 거버넌스 면에서도 한층 진전된 변화가 있었다.

정부의 적극적인 대응책과 함께 소부장 업계의 노력이 결실을 거두어, 다행히 기존의 우려와는 달리 우리 산업에 미치는 피해는 거의 없었다. 즉 일본의 최초 타깃이었던 3대 품목의 공급 안정화가 이루어지면서 대일본 수입액이 이후 크게 줄어드는 등, 도리어 일본 기업들이 손해를 보았다.

일본의 수출규제 조치가 시행된 후 정확히 2년 후인 2021년 7월 1일, 정부는 '소재·부품·장비 경쟁력 강화 2년 성과 대국민 보고'를 통하여 그간의 성과와 향후 비전을 발표하였다. 2년이라는 짧은 기간 내에 100대 품목에 대해 대일본 의존도가 상당히 감소하고 우리 소부장 기업의 매출이 20% 증가하는가 하면, 3대 품목의 하나였던 불화수소의 수입액이 6분의 1로 감소하는 등 적지 않은 가시적 성과가 있었다고 한다. 또한 연대와 협력이라는 건강한 소부장 생태계의 구축과 소부장 중소 중견 기업의 고도성장 계기를 마련하여, 국내를 넘어 세계를 선도하는 첨단 산업 강국으로 도약하도록 노력하겠다고 천명하였다.

그러나 일본과의 소재 분쟁이나 소부장 혁신은 이미 완결된 것이 아니라 아직 끝나지 않은 '현재 진행형' 상황이므로 정부 측의 지나친 자화자찬이나 섣부른 낙관론은 경계해야 한다. 그럼에도 불구하고 우리의 핵심 산업을 정밀조준한 일본의 부당한 보복 공격에 맞서서, 국민과 기업 그리고 정부가 비교적 잘 협력하여 별다른 피해 없이 안정적인 소부장 공급망을 제공한 계기를 마련한 것은 높이 평가할 만하다.

이번 사례의 성공 요인을 몇 가지 꼽자면, 먼저 정부의 대책 마련에 있어서 현장의 목소리를 중시하여 잘 반영하였다는 점이다. 소부장 관련 핵심·원천기술 확보를 위하여 장기적이고 파격적인 지원이 필요하다는 학계와 연구계의 요구에 더하여, 산업계 현장에서 가장 중시한 것은 내가 앞서 여러 차례 강조하였듯이 대기업 중심의 수직적 불평등 구조를 개선하여 중소기업과 수요자인 대기업 간의 공정하고 건강한 협력체계를 이루는 것이었다.

또한 그동안 연구개발 사업의 효율적 통합 조정 등에서 정부 내 범부처적 협력이 제대로 이루어지지 않은 경우가 있었으나, 소부장 대책 과정에서는 과학기술정보통신부, 산업통상자원부,

중소벤처기업부, 기획재정부 등 관계 부처들 간의 유기적 협력과 조정이 비교적 잘 이루어진 것도 거버넌스 면에서 긍정적으로 평가할 수 있다.

그러나 오래전부터 우리 소부장 산업의 취약성이 지적되어 왔고 낙후된 구조 등을 개선할 수 있는 시간과 기회가 충분히 있었다. 그럼에도 불구하고 일본의 경제 공격이라는 예외적이고 긴급한 충격적 위기 상황에 닥쳐서야 '호떡집에 불난 격으로' 부랴부랴 서둘러서 가까스로 개선 방안이 마련된 것은 참으로 씁쓸하지 않을 수 없다. 우리 사회가 다 같이 철저히 반성해야 할 점이라 생각한다. 또한 대기업-중소기업 간의 전근대적 불평등 구조에서 탈피하여 선진적인 대등한 협력 관계를 구현하는 것은 비단 소재·부품·장비 분야에만 한정된 것이 아니라 우리 산업의 모든 분야와 사회 전반의 발전을 위해서도 꼭 필요한 일임을 모두 자각해야 한다.

최성우의 사이언스 아카이브

대기업-중소기업 불평등
과학기술 중심 사회 걸림돌

　최근 우리 경제의 양극화 현상에 대해 우려하는 목소리들이 높다. 수출과 내수, 정규직과 비정규직 등 양극화에도 여러 가지 측면이 있겠지만, 대기업과 중소·벤처기업 사이의 간극이 더욱 커졌다는 것도 심각한 양극화 문제 중 하나로 거론된다. 이것의 원인 역시 다양하게 언급될 수 있겠지만, 이른바 '갑을' 관계로 대변되는 대기업과 중소기업 간의 불평등한 종속관계 및 온갖 비합리적 관행 또한 큰 요인으로 꼽지 않을 수 없다.

　'갑'과 '을'이라는 단순한 지칭이 계약서상에서 쓰일 때에는 둘 사이에 얼마나 엄청난 차이가 있는지, 경험하신 분들이나 업계에서는 너무도 잘 알 것이다. 얼마 전 《한겨레》의 심층 연재기사에서도 잘 다뤄진 적이 있으므로 그 실상과 폐해에 대해 상세하게 언급하고 싶지는 않으나 이 문제가 우리나라의 과학기술 발전과 혁신에도 커다란 걸림돌이 되고 있다는 것만은 또다시 강조하지 않을 수 없다.

　중소기업에서 젖 먹던 힘을 다해 기술혁신을 이룩하고 원가 절감을 한 결과가, 결국 '갑' 쪽의 납품가격 후려치기와 계속되는 부당한 압력으로 인하여 "재주는 곰이 넘고 돈은 아무개가 가져가는" 것으로 귀결된다면, 누구인들 고생해가며 기술개발하고 혁신할 의욕이 생기겠는가.

　전근대적이고 종속적인 관계와 온갖 불합리한 관행을 척결하는 일은 시장경제 질서나 사회정의의 구현을 위해서도 물론 중요하겠지만, 단순히 '약자 보호'라는 차원에서만 머무는 것이 아니다. 바로 기술개발과 혁신을 통하여 국가적 발전의 토대를 제공하는 것과도 관련되는 만큼, 정부 당국이 좀 더 큰 관심을 가지고 적극 노력해야 할 것이다. 세계에서 가장 자본주의와 시장경제가 발달한 미국에서도 독과점이나 불공정 행위 등은 정부가 매우 엄중하게 다스린다. '상호 이해와 상생을 통한 협력' 정도로 어물쩍 넘어갈 문제가 아닌 것이다.

이러한 본질적인 문제를 도외시한 채, 중소기업에게 채용 인력의 인건비를 지원하고 그 밖에 여러 지원대책을 강구하겠다는 등의 발상은 또다시 실효도 없이 국고만 낭비할 가능성이 크다.

'과학기술 중심사회'란 무슨 거창한 것이 아니라, 땀 흘려 기술개발에 애쓴 이들이 합당한 만큼의 대가를 받을 수 있는 사회, 바로 이러한 상식과 합리성이 통하는 사회가 바로 과학기술 중심사회와 다르지 않을 것이다.

– 2005년 7월 8일 《한겨레》게재 저자 칼럼

PART 4

제4차 산업혁명의
허와 실

제4차 산업혁명 담론의
전개 과정과 논란

문재인 정부가 들어선 후, 과학기술 관련 용어 중에서 가장 많이 거론된 것이 '제4차 산업혁명'일 것이다. 이른바 제4차 산업혁명 담론은 단순히 과학기술정책 부문에만 국한되었던 것이 아니라 정치, 경제, 사회, 문화 등 우리나라에서 거의 전 영역에 걸쳐서 유행어처럼 회자된 바 있다. 과학기술단체의 설문 조사 결과에 따르면 우리 과학기술인 대다수가 제4차 산업혁명에 관심이 있고 이것이 실제로 진행되고 있다고 보며 앞으로 더 나은 미래 사회가 올 것이라 여기는 등, 제4차 산업혁명의 사회적 영향에 대해서도 긍정적으로 평가한 것으로 나타났다.

그러나 과학기술인이나 대중의 기대와 달리, 상당수의 과학기술학자나 관련 연구자들은 제4차 산업혁명의 개념과 실체가 모호하고 과대 포장되어 있으며 정치적 수사에 불과하다는 등 부정적 분석과 평가를 내놓고 있다. 그 이유로는 여러 가지를 들 수 있겠는데 가장 먼저 기본적인 용어의 정의부터가 문제가 되곤 한다. 역사학자, 특히 서양사학자들이 우스갯소리 비슷하게 하는 말 가운데 하나로 '신성로마제국(Holy Roman Empire)'에 대한 평가가 있다. 유럽 중세 및 근대 시대에 현재의 독일 지역에 있었던 이 나라는 이름과는 딴판으로 '신성'하지도 않았고 '로마'답지도 않았으며, '제국'도 아니었다는 얘기이다.

제4차 산업혁명 담론 역시 마찬가지로 '제4차'가 과연 맞느냐, 그리고 '산업' 분야인가, 또한 과연 '혁명'이라 할 정도로 큰 변화인가에 모두 의문이 제기되고 있다. 제4차 산업혁명이라는 개념은 잘 알려져 있듯이 지난 2016년 1월의 세계경제포럼, 즉 다보스포럼에서 주제어로 선택하면서 유행하기 시작했고, 그 의미를 크게 강조한 클라우스 슈밥(Klaus Schwab) 다보스포럼 회장은 이에 관한 책도 여러 권 저술하였다.

그런데 오늘날 가장 영향력 있는 사회사상가이자 미래학자로 꼽히는 제러미 리프킨(Jeremy Rifkin)은 현대 사회에서 디지털 변화와 재생에너지의 결합 등이 진행되고 있다고 진단한 『3차 산업혁명』이라는 책을 2011년에 낸 바 있다. 그리고 오늘날과 같은 의미는 아니지만 과거에도 이미 제4차 산업혁명이 진행되었다고 주장한 학자들은 여러 차례 등장한 바 있다. 즉 1940년대와 1950년대 그리고 1980년대에도 여러 명의 사회학자 또는 경제학자가 제각각 제4차 산업혁명론을 내세워 사회경제적 변화 등을 진단했던 것이다. 이제는 곧 제5차 또는 제6차 산업혁명론이 나오지 말라는 법도 없을 듯하다.

또한 현재 혹은 가까운 미래에 나타날 변화를 '산업혁명'이라 칭할 정도로 대단하고 근본적인 것인가에 대해서도 학자들은 부정적 견해를 피력하는 경우가 많다. 1970년대 이후부터 이른바 정보화 사회가 진전되면서 컴퓨터가 널리 보급되고 인터넷망이 발달하는 등 다양하고 급속한 기술 발전을 이룩한 것은 부인할 수 없다. 그러나 혁명적으로 새로운 세상으로 변화되었다기보다는 산업사회라는 기존의 큰 틀은 그다지 변하지 않았다는 것이다. 역사학자들은 '혁명'이라는 단어가 어울리는 경우로는, 예전에 90%의 인구가 종사하던 농업사회를 대부분의 사람이 다른 일을 하는 산업사회로 바꿔놓았던 '제1차 산업혁명'이 유일하다고 평가하곤 한다.

그리고 제4차 산업혁명의 본질이 정확히 어떤 것인지, 가장 핵심이 되는 것은 무엇인지에 대해서 여전히 모호하고 주장하는 이들마다 제각각이다. 어떤 사람은 제4차 산업혁명에서 인공지능이 가장 중요한 요소라고 하고, 또 다른 사람은 사물인터넷이 핵심이라고 하고, 또 어떤 이들은 빅데이터 등의 데이터 산업 혹은 자율주행 자동차나 휴먼로봇, 3D프린터 등을 구체적으로 꼽기도 한다.

사실 제4차 산업혁명 담론에 모태가 된 것은 2011년에 독일에서 제조업 혁신을 위해 제시되었던 '인더스트리 4.0 프로그램' 으로서, 이는 공장의 생산에 정보통신기술을 밀접하게 연결시켜 생산 과정을 유연화하고 산업을 혁신한다는 계획이었다. 이는 물질의 세계와 가상의 세계를 결합한다는 의미에서 '사이버-물질 시스템(Cyber-Physical System)'이라 불렸는데, 여기에서는 다른 것들보다 사물인터넷이 가장 핵심적인 기술로 간주되었다. 이때부터 이미 제4차 산업혁명(Industrial Revolution 4.0)이라는 용어가 제안되었지만, 독일 정부에서는 모호하기 짝이 없는 이 개념 대신에 제조업의 혁신에 주력하는 인더스트리 4.0을 채택하였던 것이다.

다른 선진국들에 비해 유독 과도한 열풍이 불었던 제4차 산업혁명론이 정부 당국 등에 의해 크게 부각된 계기와 과정 역시 그다지 합리적이지 못한 면이 있다. 문재인 정부 들어서 국가적 아젠다로까지 등장하긴 했지만, 사실 이전의 박근혜 정부에서도 이미 토대가 마련되면서 세력을 확장해가고 있었다. 정보통신기술(ICT)은 박근혜 정부의 국정 모토였던 이른바 '창조경제'의 기반으로 간주되었다. 2017년 5월의 대통령 선거 과정에서도 문재인 당선자뿐 아니라 거의 모든 주요 정당의 후보들은 제4차 산업혁명 관련 정책을 주요 공약으로 내걸었다.

박근혜 정부에서 정보통신 관련 관료들에 의해 추진되었던 지능정보산업 발전 계획이 제4차 산업혁명론으로 도약할 결정적 계기를 마련해준 것은 바로 '알파고 충격'이었다. 2016년 3월 이세돌 9단과 치른 세기적 바둑 대결에서 인공지능 알파고가 결국 4 대 1로 승리를 거둔 일은 우리 사회에 큰 놀라움과 충격을 선사했을 뿐 아니라, 과학기술계에 국한되지 않고 정치권을 비롯한 각계각층에 큰 영향을 미쳤다. 바로 이어 치러진 그해 4월의 제20대 국회의원 선거에서 주요 세 정당은 모두 비례대표

인공지능 알파고(대리인)와 바둑 대결을 벌이는 이세돌 9단(오른쪽) ⓒ 연합뉴스

1번 후보로 과학기술계 인사를 배치하는 등, 역대 다른 국회에 비해 유독 과학기술계 출신 당선자가 많았다.

박근혜 대통령 역시 알파고 대국 직후 전문가들을 청와대로 불러서 인공지능 중심의 제4차 산업혁명에 대비할 것을 요청하였고, 정부에서는 관련 분야 연구에 수조 원을 투자하겠다는 등의 즉흥적이고 졸속적인 계획을 발표하여 언론의 비판을 받기도 하였다. 정치권과 정부뿐 아니라 일반 대중에게도 알파고 충격은 대단하였는데, 마치 〈터미네이터〉 등의 디스토피아 SF영화에서 그려지듯이 컴퓨터와 기계가 인간을 지배하는 세상이 곧 올 것처럼 불안해하면서 '테크노포비아'에 빠지는 이들도 적지 않았다.

그러나 인공지능 알파고가 인간 최고 바둑기사를 이겼다고 해서 곧바로 엄청난 변화가 오는 것은 결코 아니다. 물론 인공지능의 발전이라는 면에서는 획기적인 일로 평가할 수 있겠지만, 간과할 수 없는 매우 중요한 것을 한마디로 요약하자면 '알파고는 자신이 바둑게임에서 이겼는지도 모른다'는 사실이다. 우리나라에서 특히 과도한 열기를 보였던 제4차 산업혁명 담론은 한국인 바둑기사를 이겼던 알파고의 영향도 적지 않았을 것으로 보이는데, 이는 우리 사회 전반이 과학기술을 받아들이는 태도가 아직 그리 성숙되지 않았음을 입증하는 것처럼 보여 상당히 씁쓸하기도 하다.

최성우의 사이언스 아카이브

2019년과
2001년

　SF영화 〈블레이드 러너 2049〉가 최근 국내 개봉해 화제를 모았다. 국내 흥행실적과는 무관하게 필자 같은 과학평론가나 SF 마니아들은 큰 관심을 가질 수밖에 없다. '복제 인간의 자아정체성 찾기'라는 영화 주제는 큰 감흥을 주었다. 입체영상으로 구현한 인공지능이 인간 여성과 합체되어 주인공 남성과 사랑을 나누는 등의 몇몇 장면은 특히 인상적이었다.

　그런데 이번 영화의 배경 역시 1982년 제작된 리들리 스콧 감독의 원작 〈블레이드 러너〉와 마찬가지로 미국 로스앤젤레스(LA)다. 지난 원작 영화에서 묘사된 2019년의 LA는 첨단기술과 폐허가 공존하는 사이버 펑크(cyberpunk)적인 분위기였지만, 이제 불과 2년 뒤로 다가온 현실의 모습은 전혀 다르다. 늘 산성비가 내리지도 않고, 수백 층의 건물들 사이로 작은 우주선들이 하늘을 나는 자동차처럼 자유롭게 지나 다니지도 않는다. 복제 인간은 과학기술적 차원을 떠나서 윤리적 측면에서도 허용될 수 없겠지만 이들을 활용하는 우주식민지 개척 역시 아직도 먼 이야기다.

　과학기술 발전이 분야에 따라서는 SF물의 묘사나 당초의 예측보다 훨씬 빠르게 진행되는 경우도 있겠지만, 80년대 영화에서 떠올려본 30여 년 뒤의 모습은 예상보다 너무도 더디다. 〈블레이드 러너〉만큼이나 명작으로 평가받으며 SF뿐 아니라 전 장르를 통틀어 10대 영화에 꼽히곤 하는 스탠리 큐브릭 감독의 〈2001 스페이스 오디세이〉역시 마찬가지다.

영화가 제작된 68년에 묘사한 2001년도 벌써 16년이나 지났지만 예측대로 실현된 기술은 음성인식 보안장치 등 극히 일부에 불과하다. 인류는 토성 탐사는커녕 그보다 훨씬 가까운 화성에도 아직 가보지 못했고, 장거리 우주여행을 위해 필요한 인공동면기술 역시 여전히 구상 단계다. 다만 승무원과 대화를 나누며 체스를 두는 모습이 인상적이던 인공지능 컴퓨터는 이제 바둑에서 인간 최고수를 이기는 수준에 도달했지만 영화의 할(HAL) 9000처럼 자의식을 지니고 인간의 명령에 반하는 독자적 행동을 할 수 있을지는 여전히 논란거리다.

이른바 제4차 산업혁명이 근래 자주 거론되고 있지만 당장에 삶의 모습이 SF영화처럼 바뀔 것이라는 기대는 성급할 수도 있다.

– 2017년 11월 11일 《중앙일보》게재 저자 칼럼

ICT의 발전과 디지털 전환을 어떻게 맞이할 것인가?

문재인 정부는 2020년 7월 디지털 뉴딜, 그린 뉴딜, 안전망 강화를 축으로 하는 국가 프로젝트로서 '한국판 뉴딜 종합 계획'을 확정하여 발표하였는데, 코로나 19 사태 이후 경기회복을 위해 분야별 투자와 일자리 창출을 도모하는 것이었다. 이 계획에서 친환경, 저탄소 전환을 가속화하기 위한 그린 뉴딜도 중요하지만, 경제 전반의 디지털 혁신과 역동성을 촉진, 확산한다는 '디지털 뉴딜'이 매우 큰 비중을 차지하고 있었다.

이른바 제4차 산업혁명의 실체가 모호하거나 정치적 유행어 등으로 과장되었다 하더라도, 21세기 이후 정보통신기술(ICT)의 지속적 발전과 더불어 사회 각 분야에서의 디지털 전환은 피할 수 없는 일이다. 따라서 국가와 사회 그리고 일반 대중이 이를 준비하고 수용하는 일은 앞으로도 대단히 중요한 과제가 될 것이다.

과학기술학자와 정책 전문가들은 우리나라에서 제4차 산업혁명 담론이 산업과 국가 정책적 의지가 반영된 프레임이라는 한계를 지니고 출발했기에, 이를 주도하는 집단과 수용하는 집단 간에 간극이 커졌고 시민사회가 뒷받침되지 못하면서 사회적 수용성의 문제를 낳았다고 지적한다. 인문사회학자들은 이른바 '헬조선'이라는 자조적 표현으로 대변되는 우리 사회, 특히 젊은이들의 우울한 처지와 전망을 언급하면서, 협력적 창의성을 통한 삶의 질 고양과 인본적 토양 구축이 중요하며, 제4차 산업혁명은 인간과 문화를 먼저 생각하는 문화적 혁명이 되어야 한다고 주장하기도 한다.

제4차 산업혁명이든 아니든 ICT의 발전과 디지털 대전환의 시대를 맞이하여, 우리 정부와 오피니언리더, 그리고 대중은 어떤 자세를 지니고 무엇을 준비해야 할지 몇 가지로 나누어 살펴보겠다.

첫째, 설령 제4차 산업혁명이 진행된다고 하더라도 기술의 발전과 이에 의한 사회상의 변화는 몇 년 안에 갑자기 이루어지는 것이 결코 아니라는 사실을 똑똑히 알아야 한다. 우리나라에서 제4차 산업혁명의 전도사 격으로 널리 알려진 과학자조차도 2016년 무렵에 제4차 산업혁명을 선언하기에는 아직 이르다는 부정적 생각을 지니고 있었다고 고백한 바 있다.

세부 분야와 경우에 따라 다소 차이는 있겠지만 ICT 관련 기술이 빠르게 발전한다고 해도 이들 기술이 널리 실용화되고 대중적으로 수용되는 과정, 그리고 이에 따라 생활양식이 바뀌는 사회적 변화가 나타나기까지 최소 몇 십 년 또는 반세기 이상의 긴 세월이 필요한 경우가 대부분이다. 자율주행 자동차가 미국 그리고 우리나라에서도 선보인 지도 꽤 되었지만, 과거 〈전격 Z작전〉 같은 SF 드라마에서 나왔던 인공지능 로봇을 겸한 완전 무인자동차를 일반시민들이 이용할 날이 곧 올 수 있을지는 장담하기 어렵다.

일부 전문가들이 제4차 산업혁명의 핵심으로 꼽는 3D프린터는 머지않아 대량생산 체제라는 기존의 제조업 방식에 혁명을 일으킬 것처럼 언급되기도 하였다. 1980년대 초반 미국에서 첫선을 보인 3D프린터가 20년 전부터 국내에서도 대중적으로 보급되면서 활용 분야는 다소 늘어났다. 그러나 예상과 달리 집집마다 3D프린터를 갖추기도 어렵거니와 산업상의 근본적 변화와는 아직 거리가 멀다.

물론 과거 개인용 컴퓨터의 보급으로부터 시작하여 인터넷망의 대중화와 오늘날 모바일 시대로 이어지는 변화의 속도가 대단히 빠르지 않았느냐고 주장할 수도 있다. 우리나라를 기준으로 해서 개인용 컴퓨터가 대략 1980년대 초반부터 대중적으로 보급되기 시작하였고, 최초의 인터넷 웹브라우저가 등장한 것이 1994년이며, 스마트폰 열풍이 불어닥친 것이 2009년 즈음이다. 따라서 대략 최소 10~20년의 주기로 신기술과 IT기기가 대중화된 셈이다. 그러나 예전보다는 줄었다고는 하지만 여전히 개인용 컴퓨터는 널리 쓰이고 있고, 1996년에 처음 등장한 2세대 이동전화, 즉 2G폰의 사용자마저도 그동안 적지 않아서, 2020년에야 정부가 통신사업자들의 서비스 폐지를 승인했지만 기존 사용자들은 소송 움직임을 보인 바 있다.

최근에는 인터넷, 모바일의 뒤를 이어 메타버스(metaverse)가 장차 새로운 세계를 열어줄 것으로 기대되면서 크게 각광을 받고 있다. 페이스북 등 세계적 기업들도 메타버스 전환을 준비하고 있다고 하는데, 물론 5G 상용화 등 통신망의 발달과 아울러 가상현실(VR), 증강현실(AR) 기술의 발전, 그리고 코로나19 사태로 인한 비대면 추세가 맞물리면서 메타버스가 더욱 주목을 받고 있다.

그러나 메타버스에도 대단히 많은 요소가 혼재되어 있고 그들 간에 상당한 편차가 생길 수밖에 없다. 즉 가상현실 기반의 몇몇 게임은 이미 오래전부터 일종의 메타버스를 구현해온 반면에, SF영화에 나오는 수준의 완벽한 메타버스가 대중화되기 위해서는 여전히 하드웨어적, 소프트웨어적 난제들도 적지 않아서 앞으로 얼마나 많은 시일이 소요될지 알기 어렵다.

둘째, 기술의 발전에 힘입어 사람들의 삶은 전반적으로 보다 풍요롭고 윤택해지리라 기대되지만, 반면에 새로운 위험과 불안 요소 또한 함께 증가할 수밖에 없다는 데에 매우 유의하여야 한다. 독일의 사회학자 울리히 벡(Ulrich Beck, 1944~2015)은 일찍이 현대사회의 특징 중 하나를 위험사회(Risk Society)라고 정의한 바 있다. 제4차 산업혁명이 실현할 소위 초연결사회(Hyper-connected Society)가 다름 아닌 초위험사회가 될 수도 있다는 사실을 몇 년 전의 재난사고들을 통하여 실감한 바 있다.

최근에도 홈비디오 카메라의 해킹에 의한 심각한 프라이버시 침해 등이 언론에 보도된 바 있는데, 전문가들은 사물인터넷과 인공지능이 보편화될 경우에 훨씬 무서운 일들이 벌어질 수 있다고 경고하면서 이에 걸맞은 철저한 보안 대책을 강조하고 있다. 제4차 산업혁명이 거론되기 훨씬 전인 2009년에 이른바 디도스(Ddos) 사태, 즉 해커의 사이버 테러의 일종인 분산서비스 거부공격에 의한 인터넷 대란으로 정부 기관과 은행 등의 주요 사이트가 마비되면서 IT 강국이라는 자부심에 먹칠을 당하였고 그 전후로도 비슷한 사고가 간혹 발생한 적이 있다.

셋째, 앞의 보안 이슈와 위험 거버넌스들을 포함하여 새로운 기술과 사회상에 걸맞은 법령과 제도, 규범을 정비해나가야 한다. 앞서 언급한 자율주행 자동차의 경우만 해도 폭넓은 상용화와 대중적 수용 과정에 상당한 시간이 걸리는 걸림돌로 작용할 수 있는 것은, 기술적 한계보다는 윤리와 제도의 면이 더욱 크다고 할 것이다. 즉 사고 발생 시에 누가 책임을 질 것인가 하는 것은 쉽지 않은 문제이고, 브레이크 고장을 인식한 자율주행차의 충돌사고가 불가피한 상황에서 누구에게 덜 피해가 가게 할 것인가 하는 윤리적 문제는 오래전부터 논란이 되어왔다. 물론 보험으로 사고처리가 가능할 수 있겠지만, 이와 같은 보험제도 또한 자율주행차 이전의 시대와는 전혀 다른 방식과 요율이 적

시험용 자율자행차량 ⓒ zombieite

용될 수밖에 없을 것이다.

자율주행차에서도 수집된 개인정보의 보호 문제가 대두되는데, 특히 빅데이터 등을 활용하는 데이터 산업에 있어서 개인의 안전과 정보보호, 그리고 데이터의 활용과 연구를 통한 산업 발전이라는 두 명제가 어떻게 상충하지 않고 균형과 조화를 이룰 수 있을지 사회적 합의가 이루어져야 한다. 근래의 코로나19 방역 과정에서도 이 문제는 중요한 요소로 부각되었는데, 프라이버시에 특히 더 민감한 유럽 등지의 나라들에 비해 우리나라에서는 동선 추적 등 어느 정도 개인정보 활용이 허용되어 이른바 K-방역의 성공에 기여했다.

지난 21세기 초부터 인터넷의 대중화 과정에서 저작권, 지식 재산권 제도에 상당한 변화가 있었듯이, 앞으로도 디지털 전환이 가속되면서 '소유와 공유'의 개념 변화 등 지식재산권 제도에 지속적인 영향을 미칠 것으로 보인다.

이처럼 기술의 발전에 따라 기존의 규제가 의미 없거나 어울리지 않으므로 자유롭게 풀어야 할 부문도 있겠지만, 도리어 새로운 규제와 규범 확립이 필요한 경우도 있다. 어느 쪽이 더 필요한가는 경우에 따라 다를 것이고, 업계 이해 관계자나 관련 전문가뿐 아니라 일반 대중의 입장에서도 면밀히 검토하여 바람직한 방안을 도출하여야 한다. 그동안 우리 사회에서는 이른바 '타다 택시'의 제도적 허용, 암호화폐 거래소 규제 여부를 놓고 상당한 논란과 진통을 겪었고, 앞으로도 새롭게 등장하는 플랫폼이나 기술이 기존의 법제와 충돌하는 경우가 계속 발생할 가능성이 크다.

그런데 이러한 과도기적 상황에서 걸핏하면 규제 자체가 무조건 제4차 산업혁명에 대한 몰이해인 양 과민 반응하는 태도는 경계해야 한다. 몇 년 전 과열된 투기 양상을 보였던 비트코인 등의 암호화폐 거래소에 대한 규제 방침을 정부가 천명하자, 일부 전문가를 자처한 업계 관계자들은 '21세기의 쇄국정책' 운운하면서 거세게 저항했다. 암호화폐에 대해 상세히 얘기하자면 너무 길어질 것이므로 간략히 요약하자면, 사실 암호화폐의 근간이 되는 블록체인 기술의 발전과 거래소는 거의 관계가 없고 도리어 거래소라는 존재는 암호화폐가 추구하는 이상과 정면으로 모순된다.

넷째, 전통산업 또는 다른 분야의 산업과 공존하는 방향을 모색하거나 이를 도와서 시너지 효과를 낼 수 있도록 해야 한다. 예를 들어 경쟁력의 약화와 노동력 부족을 겪는 농수산업에 적절한 지능정보기술을 도입하여 생산력의 향상에 기여할 수 있고, 다른 2차 산업에도 마찬가지로 적용할 수 있을 것이다. 특히 전력산업에 스마트그리드 기반의 새로운 융복합적 시스템을 도입한다면, 신재생에너지원과 전력 저장장치 결합에 따른 전력의 수급 및 계통의 안정성 문제를 해결할 수 있어서 후술하는 탄소중립의 구현에도 도움이 될 것이다.

마지막으로 다른 분야에서도 마찬가지이겠지만, 여러 정책과 제도의 추진 과정에서 정부가 해야 할 것과 민간에게 맡겨야 할 것을 잘 구분해야 한다. 그동안 간혹 양자가 서로 뒤바뀌는 경우가 적지 않았다. 구체적인 신사업의 추진은 가급적 민간에 맡기고 정부의 할 일은 시장 실패에 대응하는 기반 기술의 개발이나 인프라 구축 또는 공공재적 성격이 강한 OTT 플랫폼의 개발이나 공용화라는 사실을 간과하지 말아야 한다. 또한 이른바 '정보 빈민', 즉 고령층이나 저소득층 등 디지털 전환 과정에서 소외되기 쉬운 이들을 정책적으로 배려하는 일 또한 정부의 몫이다.

최성우의 사이언스 아카이브

위험사회 대비한
법률과 제도

 연말이 가까워지던 최근 각종 사고와 재난들이 잇달아 발생해왔다. 특히 지난달에 발생한 KT 통신구 화재사고는 독일의 사회학자 울리히 벡이 주장했던 '위험사회'를 실감하게 하는 경종을 울렸을 뿐 아니라, 여러 측면에서 과제와 교훈을 남겨주었다. 유사한 사고와 재난이 반복되지 않도록 철저히 대비하는 것도 물론 중요하겠지만, 법률과 제도의 측면에서도 깊이 검토하고 정비해야 할 것들이 적지 않다.

 이 사고와 관련해서 여전히 해결되지 않은 문제 중의 하나가 바로, 통신 장애에 의한 카드 결제 불능으로 금전적 손해를 본 식당과 가게 등 주변 상인들의 피해보상 문제이다. 현행 우리 민법과 판례에 의하면 간접피해, 즉 특별한 손해의 경우 '채무자(가해자)가 그 사정을 알았거나 알 수 있었을 때에 한하여' 배상의 책임이 있다고 되어 있다. 그러나 과연 예상 가능한 손해인지 아닌지, 또는 이러한 특별손해 배상책임을 적용할 수 있는 경우인지 등이 법률적으로 논란이 될 수밖에 없다.

 원인이 제대로 밝혀지지 않은 사고와 피해가 발생하였을 경우, 정확한 원인과 책임이 어느 쪽에 있는가 하는 문제 못지않게 중요한 법률적 관건이 바로 '누가' 입증해야만 하는가 하는 문제이다. 입증책임은 피해자에게 있는 것이 기본 원칙이지만, 이른바 차량 급발진 사고 등에서 지속적으로 논란이 되어왔다. 자율주행차량과 사물인터넷이 널리 대중화될 미래에, 원인 파악이 무척 어려운 사고로 인하여 심각한 피해가 발생할 경우에도 기술에 문외한인 소비자가 입증 책임을 지라는 게 과연 합당한 일일까?

꼭 제4차 산업혁명에 따른 초연결사회까지 가지 않더라도, 첨단과학기술이 발전할수록 위험사회의 우려 역시 증폭될 수밖에 없다. 각종 위험을 사전에 원천적으로 봉쇄할 수 있다면 가장 이상적이겠지만, 위험사회에 대비한 법률과 제도를 합리적으로 정비하는 것도 대단히 중요한 일일 것이다. 21세기 시작을 전후한 즈음 인터넷의 대중화에 따라, 예전의 특허제도·저작권법 등 각종 지적재산권 관련 법률과 규범을 적지 않게 손보아야 했던 경험을 잘 기억하고 참고해야 한다. 또한 행정가와 법률가들 역시 새로운 시대에 걸맞은 과학기술적 소양을 반드시 갖추지 않으면 안 될 것이다.

– 2018년 12월 31일 《중앙일보》게재 저자 칼럼

PART 5

바이러스와
감염병 대응

21세기의 주요 신종 감염병과 위험 커뮤니케이션의 중요성

지난 20세기 초에 전 세계적으로 대유행하면서 수천만 명의 사망자를 냈던 스페인독감의 악몽이 재현되는 듯, 우리나라를 포함한 지구촌 전체는 벌써 몇 년째 코로나19 바이러스라는 신종 감염병과 사투를 벌여왔다. 처음에는 최초 발병한 도시명을 따서 우한 폐렴이라 불렸으나, 이후 세계보건기구(WHO)는 공식 명칭을 '코로나바이러스 감염증-19(COVID-19)'로 정정하였다.

신종 감염병이 유행할 때마다 각국의 보건 당국이나 방역 전문가, 관련 미생물학자 등은 크게 긴장할 수밖에 없다. 21세기 이후 인류를 한때 공포에 몰아넣었던 감염병과 신종 바이러스들을 개략적으로 살펴볼 필요가 있을 듯한데, 대부분이 인수공통전염병이라는 특징이 있다.

한때 세계적으로 공포와 논란을 불러일으킨 광우병 또한 인수공통전염병이기는 하지만, 그 병원체가 바이러스가 아닌 프리온(prion)이라는 독특한 단백질의 일종이다. 1997년에 홍콩에서 처음으로 인체감염 및 사망 사례가 발생하였던 조류 인플루엔자(AI)는 21세기 들어서도 주로 겨울철에 우리나라를 비롯한 아시아 지역에 자주 유행하면서 큰 피해를 입힌다. 그러나 양계업자 등 조류와 밀접하게 접촉하는 이들 외에는 사람에게 잘 감염되지 않는 편이며, 아직까지 사람과 사람 간에 전염된 사례가 발견된 적이 없다. 따라서 유행 시에 닭, 오리 등의 대량 살처분이 불가피한 조류 인플루엔자는 아직은 사람보다는 조류에게 더 치명적인 바이러스이다.

금세기 들어서 크게 유행하면서 세계보건기구가 경보령을 발령한 감염병으로서 먼저 사스(SARS)를 들 수 있는데, 2002년 11월 중국 남부 광둥성에서 처음으로 발병하여 홍콩을 거쳐 전 세계로 확산한 전염병이다. 우리나라에서 처음에는 '괴질'로 불렸으나, 현재의 코로나19와 유사한 코로나바이러스에 의한 호흡기 질환으로 밝혀지면서 '중증급성호흡기증후군(Severe Acute Respiratory Syndrome, SARS)'이라 명명되었다.

백신이나 예방약이 개발되지 않았던 사스는 전 세계에서 774명의 사망자를 냈으나, 우리나라에서는 다행히도 감염 의심 환자만 있었을 뿐 사망자는 단 한 명도 나오지 않았다. 전체 발생 환자 중 사망자의 비율, 즉 치명률이 평균 10%에 가깝게 높게 나왔지만, 2003년 7월 이후 잠잠해지면서 그 후 다시 유행한 적은 없다.

그다음으로는 2009년에 대유행한 신종 플루(H1N1 flu)를 들 수 있다. A형 인플루엔자 바이러스가 일으키는 호흡기 질환 감염병으로 돼지 인플루엔자 등이 섞여 있어서 처음에는 돼지 독감이라 불렸으나 이후 정정되었다. 신종 플루는 멕시코와 미국 남부에서 시작하여 전 세계로 확산하여 총 214개국에서 1만 8,500명 정도의 사망자가 발생하였고, 우리나라에서도 260명이 넘는 사망자를 냈다. 다만 치명률 등의 실질적인 위험도는 그다지 높지 않은 수준으로 나타났고, 특히 효과적인 치료제로서 타미플루(Tamiflu)가 널리 보급되면서 대유행이 종료되었다.

2012년 4월부터 사우디아라비아 등 중동 지역을 중심으로 감염자가 발생했던 메르스, 즉 중동호흡기증후군(Middle East Respiratory Syndrome, MERS)은 코로나바이러스의 일종인 메르스코로나바이러스(MERS-CoV)에 의한 감염병인데 개발된 백신이나 효과적 치료제는 없다. 메르스는 2015년에 우리나라에서 186명의 환자가 발생해 38명이 사망하면서 무려 20%의 치명률을 보이는 큰 피해를 낸 바 있다. 이는 1,010명의 환자와 442명의 사망자가 발생한 사우디아라비아에 이어 세계에서 두 번째로 많은 환자와 사망자를 낸 것이다.

유사한 코로나 계열의 바이러스에 의한 감염병이었음에도 불구하고 2003년 사스 유행 시에는 단 한 명의 사망자도 나오지 않았던 우리나라에서, 2015년에는 메르스로 중동국가들보다 더 많은 환자와 사망자를 냈던 이유는 무엇일까? 물론 초기 방역의 성공 여부도 중요하게 작용했겠지만, 나는 국민과 정부 간의 '위험 커뮤니케이션'을 가장 중요한 요소로 꼽는다.

위험성이 큰 사안들에 대한 정부와 과학계의 커뮤니케이션 방식 및 대중의 신뢰 문제가 처음으로 중요하게 떠오른 것은, 지난 1990년대 광우병이 발병한 무렵이다. 광우병의 최초 발생국이자 최대 피해국이던 영국에서는, 지난 1990년에 농업 장관과 그의 어린 딸이 함께 쇠고기 햄버거를 맛있게 먹는 모습을 방영하여 시민들의 불안과 동요를 잠재우고 축산농가의 피해를 방지하려 하였다. 그러나 몇 년 후 영국에서는 도리어 광우병으로 인한 인적, 물질적 손실이 엄청난 규모로 불어났다. 이후 광우병 대응 보고서를 작성한 영국 정부와 과학자문위원회는 비밀주의와 온정주의로 인하여 정부와 과학계가 대중의 신뢰를 상실했다는 뼈아픈 교훈을 지적하였다. 즉 언론과 대중에게 지나친 공포를 일으킬 것을 우려하여 광우병에 관한 정보 공개를 꺼렸으나, 결과적으로 공개적인 토론을 통하여 광우병을 신속하고 효과적으로 막을 수 있던 기회를 잃은 채 피해를 눈덩이처럼 키운 꼴이 된 것이다.

　불행히도 이처럼 '호미로 막을 것을 가래로도 못 막는' 어리석음은 이후에도 되풀이되었다. 2003년 사스 유행 당시에 국내에서 환자가 거의 나오지 않은 것은 한국인이 즐겨 먹는 마늘과 김치 덕분이라는 확인되지 않은 소문이 중국 등지에서 떠돌곤 하였으나, 확실한 것은 당시 우리 정부 당국이 초기 대응과 방역을 철저히 하고 정보를 은폐하지 않는 등, 위험 커뮤니케이션에도 성공했다는 점이다. 반면에 중국에서는 오랜 시일 동안 사스의 발병 사실조차 쉬쉬하면서 은폐한 결과, 초기에 사태를 진화할 기회를 상실하고 말았다.

　우리나라에서도 지난 2008년, 미국산 쇠고기의 광우병 위험 여부로 인해 거의 1년 가까이 나라 전체가 큰 소동과 혼란을 겪으면서 큰 사회적 비용을 치른 바 있다. 어느 쪽에 더 큰 잘못과 책임이 있든, 정부의 대국민 위험 커뮤니케이션이 총체적으로 실패한 결과라고 볼 수밖에 없다.

　그리고 2015년에 메르스 환자가 처음 발생하면서 대중의 불안이 확산되어가던 무렵, 당시 박근혜 정부는 앞선 교훈을 깡그리 무시하고 병원조차 공개하지 않는 등 정보 은폐에 급급하였고, 낙타를 멀리하라는 황당한 권고사항이 발표되었다. 그 결과는 초기 방역 실패와 함께 세계에서 두 번째로 많은 환자 및 사망자 발생이었다. 만약 박원순 당시 서울 시장이 병원 정보 공개를 강행하는 등의 조치를 밀고 나가지 않았더라면 피해는 더욱 커졌을 것이다. 우리나라가 '사스 방역 모범국'에서 10여 년 만에 '메르스 피해 민폐국'으로 전락한 것은 바로 위험 커뮤니케이션의 중요성과 교훈을 잊은 탓이다.

최성우의 사이언스 아카이브

바이러스와의
전쟁

한때 잠잠해진 것으로 여겨졌던 신종 플루(인플루엔자A/HINI) 환자가 우리나라에서만 벌써 900명을 넘어서면서, 정부 당국도 위기 경보 수준을 주의에서 경계로 한 단계 올렸다고 한다. 인간에게 온갖 질병을 일으키는 바이러스와 세균 등은 위험하고 골치 아픈 존재일 수밖에 없다.

바이러스와 세균이 크게 창궐하여 인류가 거의 절멸의 위협을 느낄 정도로 큰 피해를 본 적도 적지 않다. 흑사병이라고도 불리는 페스트가 중세 이후 유럽에서 가끔씩 대유행할 때에는, 갑자기 인구의 3분의 1 이상이 줄어든 나라들도 있을 정도로 엄청난 희생자를 낸 바 있다. 제1차 세계대전 직후인 1918년에 창궐한 스페인독감은 전 세계적으로 사망자가 5,000만 명 정도까지 이르렀을 것으로 추정되는데, 전쟁으로 죽은 사람보다 훨씬 많은 희생자를 낳은 최악의 전염병이라 할 만하다.

그런데 바이러스와 세균의 입장에서 볼 때, 인간을 거의 다 죽게 만드는 것이 과연 그들에게도 유리할까? 상식적으로 생각해봐도 결코 그렇지는 않을 것이다. 만약 숙주인 인간이 모두 죽어서 더 이상 기생하여 살 곳이 없어진다면, 그들 또한 공멸할 수밖에 없다.

영화 〈아웃 브레이크〉의 소재로도 등장했던 에볼라 바이러스는 감염자의 90% 정도가 일주일 이내에 출혈로 사망하는 가공할 전염병을 일으키지만, 도리어 너무 높은 치사율 때문에 널리 확산되지는 못한다.

발견 초기에만 해도 '신의 형벌'이라 불리며 극심한 공포의 대상이었던 에이즈 바이러스는, 이제는 그다지 치명적이지 않은 만성 질환의 하나 정도로 여겨지고 있다. 물론 치료 방법 등이 발달한 덕분이기도 하겠지만, 에이즈 바이러스 역시 자신들의 생존에 유리한 방향으로 진화해온 것으로 볼 수도 있다.

바이러스를 연구하는 학자들은, 그들이 인간을 너무 많이 죽게 하지 않도록 조절하는 것처럼 보인다고 주장하기도 한다. 그러나 에볼라 바이러스처럼 똑똑하지(?) 못하거나, 바이러스와 세균들이 끊임없이 진화하는 과정에서 돌연변이 등으로 전혀 새로운 무기를 갖춘 신종이 출현했을 때는 문제가 달라질 수 있다. 미처 면역력과 대응력을 갖추지 못한 인류가 속수무책으로 당할 수도 있는데, 페스트나 스페인독감 등도 그런 경우일 것이다.

최근에는 인수(人獸) 공통 전염병들이 늘면서 인류에게 더 큰 고민을 안겨주고 있다. 동물로부터 감염되는 전염병은 이미 200가지가

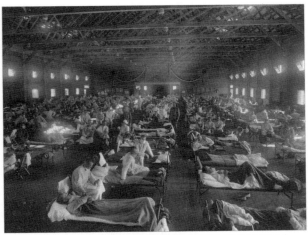

수천만 명의 사망자를 낸 스페인독감 창궐 당시 미국의 응급 병동(1918년)

넘는 것으로 분류된다. 몇 년 전부터 빈발하는 조류 인플루엔자는 스페인독감과의 관련성 때문에 더 큰 위협으로 다가온다. 처음에는 돼지 인플루엔자로 불리다 명칭이 바뀌기는 했지만, 신종 플루 역시 사람·조류·돼지의 인플루엔자 바이러스들이 유전자적으로 결합된 것이다. 이들이 다시 변이를 일으켜서, 현재의 신종 플루보다 더욱 독성이 강한 바이러스가 출현할 가능성도 충분하다.

바이러스·세균과 인류의 전쟁은 지속적으로 업그레이드되는 창과 방패의 대결처럼 쉽게 끝나지 않을 것이다. 생물학적 대상은 아니지만, 컴퓨터 바이러스와 치료 백신의 관계도 마찬가지다. 이 지루한 전쟁에서 어느 쪽이든 상대를 완전히 제압하기는 힘들겠지만, 인류로서는 항상 피해를 최소화하도록 노력할 수밖에 없을 것이다.

- 2009년 7월 23일 《중앙일보》게재 저자 칼럼

코로나19의 중간 숙주 및 기원에 대한 논란

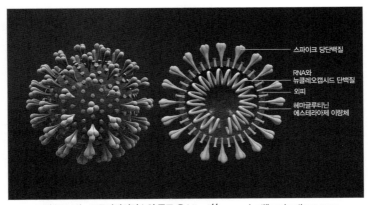

스파이크 당단백질

RNA와
뉴클레오캡시드 단백질

외피

헤마글루티닌
에스테라아제 이량체

그림으로 보는 코로나바이러스의 구조 ⓒ https://www.scientificanimations.com

코로나19의 여러 특성은 어느 정도 파악되었지만 아직 제대로 밝혀지지 않은 것들도 있다. 즉 코로나19를 인간에게 처음 전염시킨 동물, 즉 중간 숙주가 도대체 무엇인가 하는 것이다. 코로나19 이전의 다른 코로나바이러스들, 즉 2002년에 발생한 사스 및 2012년에 발생한 메르스의 감염원 및 중간 숙주들을 알아보고, 그동안 코로나19의 중간 숙주라 발표되었던 동물들에 대해 살펴보는 것도 의미가 있을 듯하다.

사스, 메르스와 마찬가지로 코로나19의 감염원인 자연 숙주는 박쥐로 여겨진다. 박쥐는 코로나바이러스뿐 아니라 수십여 종의 바이러스를 직간접적으로 사람에게 전파하여 가히 '인수공통 바이러스 보유의 제왕'이라 할 만하다. 과학자들은 그 이유를 사람과 같은 포유류이면서도 하늘을 날 수 있는 박쥐의 속성, 즉 높은 대사율과 면역반응 특이성을 들어 설명하고 있다.

그러나 코로나바이러스가 박쥐로부터 바로 사람으로 옮겨가서 감염증을 일으키기는 어렵기 때문에, 이를 다시 변이, 증폭하여 매개할 다른 동물, 즉 중간 숙주가 필요하다. 이와 같은 중간 숙주 동물로서 사스의 경우에는 사향고양이, 메르스의 경우로는 낙타가 꼽히고 있다. 그러나 이는 유전체 분석 결과 가장 유력하게 추정되는 정설 수준이며, 여전히 완벽하게 밝혀진 것이라 보기는 어렵다.

코로나19 바이러스의 중간 숙주로 처음 발표된 '후보 동물'은 뱀이었다. 그러나 뱀은 사람 및 앞서 언급한 박쥐, 사향고양이, 낙타와는 달리 포유류가 아닌 파충류에 속하는 동물이라는 점에서 이 논문은 많은 비판을 받았다. 지금까지 냉혈동물인 파충류로부터 인수공통 바이러스가 감염되기는 극히 어렵다는 것이 정설이다.

그 이후로 코로나19의 중간 숙주라 추정된다고 제시된 동물은 천산갑(穿山甲, Pangolin)이었다. 천산갑은 온몸이 비늘로 덮인 유일한 포유류로서 주로 개미를 핥아먹고 사는 작고 귀엽게 생긴 동물이다. 그동안 고급 식재료와 한약재로 쓰이는 바람에 멸종위기에 처한 보호종이기도 하다.

그러나 천산갑이 중간 숙주일 가능성 역시 반론이 적지 않았다. 즉 중국 화난농업대학의 연구진은 유전자 분석 결과 코로나19의 염기서열이 천산갑에서 분리한 샘플과 99% 일치한다고 주장하였으나, 다른 연구기관 등이 잇달아 학술지에 발표한 논문들의 실험 결과로는 유사성이 90% 이하로서 크게 떨어진다는 것이었다. 2022년 2월에 발표된 연구 결과에서는 너구리가 중간 숙주로 추정된다는 주장도 있었으나, 이 또한 확실하게 특정된 것으로 보기는 어렵다는 평가이다.

코로나19의 최초 발병 시점과 정확한 감염 경로 또한 확실하게 밝혀지지 않은 상태이다. 코로나19가 처음에는 '우한 폐렴'이라 불렸듯이, 중국 후베이성 우한에 위치한 수산물 도매시장이 유력한 최초 발생지로 여겨졌지만, 이마저도 논란이 적지 않다.

역사적 사건에 대하여 진위 여부와 관계없이 그럴듯한 음모론은 늘 대중의 관심을 끌게 마련이다. 코로나19 바이러스의 발원에 대해서도 음모론적 주장들이 여전히 떠돌았다. 즉 코로나19 바이러스가 박쥐 등의 자연 숙주로부터 인간에게 전이된 것이 아니라, 중국 우한의 실험실에서 유출되었거나 생물학 테러용 무기로 개발되었다는 설 등이다. 한편으로는 코로나19 바이러스의 중간 숙주 및 전파 경로가 여전히 제대로 밝혀지지 않았을 뿐 아니라, 중국 정부에서 발병 초기에 신속하고 투명하게 대처하지 못한 점이 이를 부추겨온 것으로 볼 수 있다.

코로나19 바이러스가 자연적으로 발생하지 않았다고 주장하는 사람들 일부는 2015년에 《네이처 메디슨》에 발표된 한 논문을 근거로 들었다. 우한 바이러스 연구소 소속의 중국 과학자와 미국 노스캐롤라이나 대학의 연구진이 발표한 이 논문에 따르면, 코로나19 바이러스와 비슷한 변종 바이러스를 만들어낸 것으로 되어 있다.

어떤 이들은 논문의 저자들이 이 신종 바이러스에 대한 백신과 항체를 개발하려 했으나 실패하였고, 이것이 코로나19 사태를 일으킨 원인이라는 식으로 해석하기도 하였다. 그러나 그러한 주장은 해당 논문의 내용과도 거리가 먼 지나친 과장이자 억측이다. 논문의 주제는 사스바이러스에 박쥐의 코로나바이러스를 결합시킨 결과 사람에게 독성을 보였다는 정도이며, 연구진이 만든 바이러스는 코로나19 바이러스와도 다르다. 더구나 실험실에서 연구하는 수준의 신종 바이러스에 대해 백신과 항체를 개발하려 했다는 것도 전혀 이치에 맞지 않는다.

신종 바이러스가 중국의 생물학무기 개발과 관련 있다는 음모론적 주장을 제기하는 이들은 대부분 과학자가 아닌 저널리스트나 유튜버이다. 이들이 극히 일부의 사실과 상상력을 결합하여 그럴듯한 스토리를 만들면, 대중의 호기심을 자극하려는 매스미디어가 이를 부추기고 증폭시키곤 한다.

사실 이와 유사한 주장들은 이번 코로나19가 처음이 아니고 지난 2002년 사스바이러스가 창궐하였을 시기에도 있었고, 그보다 앞서서 에이즈 및 에볼라 바이러스와 관련해서도 각종 음모론이 꼬리표처럼 따라다녔다. 이들 바이러스 역시 비밀리에 개발된 생물학무기에서 유래된 것이라는 전통적인 설로부터, 특허 수익이나 백신 개발 비용이 관련된 것이라는 등 다양하다.

중국의 과학자들도 바이러스의 실험실 유출설을 뒷받침하는 주장을 했다가 상당한 파문이 일어난 바 있다. 즉 화난이공대학의 샤오보타오 교수 등이 리서치 게이트에 올린 '신종 코로나19 바이러스의 가능한 기원(The possible origins of 2019-nCoV coronavirus)'이라는 제목의 짧은 논문에는 우한시 질병예방통제센터에서 보관, 연구 중이던 박쥐로부터 연구자들이 공격을 받았다거나, 실험실의 폐기물을 통하여 신종 코로나19 바이러스가 인위적으로 전파되었을 가능성을 담고 있었다.

영국의 일간지가 이를 기사화하고 이를 인용한 국내 언론에서도 보도된 바 있다. 그러나 이 주장은 우한시 질병예방통제센터가 발원지로 여겨지는 화난 수산시장과 수백 미터 거리로 가깝다는 것 외에는 과학적 근거가 대단히 희박하다. 더구나 저자들이 논문을 올린 리서치 게이트는 정식 학술지가 아니라 연구자들이 의견을 주고받는 커뮤니티의 성격이며, 문제의 논문마저 곧 삭제되고 이후 저자와는 연락도 되지 않았다는 점에서 신뢰성 역시 크게 떨어진다. 그 후에도 홍콩 출신의 여성 과학자 옌리멍 박사가 코로나19 바이러스가 우한의 연구소에서 인위적으로 만들어졌다는 논문을 발표하였으나, 이러한 주장에 대해 전문가들은 대부분 비판적인 입장을 보였다.

현재까지 과학자들의 연구 결과로는 바이러스의 실험실 유출을 입증할 만한 근거가 거의 없으며, 도리어 자연적 변이설을 뒷받침하는 것으로 보인다고 한다. 즉 코로나19 바이러스의 구조를 상세히 분석해본 결과, 인위적으로 편집되거나 유전자가 조작되었다는 증거를 전혀 찾을 수 없었다는 것이다. 과학자들은 코로나19는 야생동물에서 유래한 것을 확인했다고 하면서, 대중들에게 혼란과 공포만 일으키는 실험실 유출설 등의 음모론을 규탄하는 성명을 발표하기도 하였다.

코로나19의 발원에 대해서는 과학적 논란뿐 아니라 나라 간의 정치적 공방으로까지 번진 바 있다. 코로나19가 대유행하기 시작한 무렵에 중국에 대해 강경한 입장을 보이던 미국 상원의원이 코로나19의 중국 실험실 유출을 시사한 주장을 한 데 맞서서, 중국은 도리어 신종 바이러스가 미국에서 크게 유행한 독감으로부터 유래되었을 것으로 본다고 반박한 적도 있다.

그러나 코로나19의 명확한 발원과 전파 경로가 밝혀지지 않은 상태에서, 과학 외적 편견이 개입되어 소모적인 논쟁이 지속되는 것은 전혀 바람직하지 않다. 또한 대중 역시 무책임한 음모론에 휘둘리지 않도록 합리적 의심(reasonable suspicion)의 수준을 넘는 명확한 증거 및 사실에 바탕을 둔 주장과 연구 결과에 귀를 기울여야 한다.

바이러스만큼이나 심각한
가짜 뉴스와 백신 공포증

바이러스보다 훨씬 빠르게 전파되면서 우리 사회를 혼란스럽게 하는 게 또 하나 있었다. 즉 코로나19의 정체 및 효과적인 대처 방법 등에 관해 언급하면서 범람하는 온갖 가짜 뉴스들이다. 이른바 인포데믹(infodemic), 즉 정보전염병의 폐해를 실감하게 하였다.

인포데믹이란 정보(information)와 전염병(endemic)의 합성어로, 잘못된 정보가 각종 미디어와 인터넷 등을 통해 마치 전염병처럼 급속하게 퍼져나가서 사회적으로 나쁜 영향을 끼치는 현상을 지칭한다. 미국의 한 컨설팅업체의 회장이 2003년 《워싱턴포스트》에 기고하면서 처음 사용한 것으로 알려져 있다.

오늘날에는 전통적 미디어뿐 아니라 인터넷과 휴대전화의 사용이 대중화되면서, 온갖 가짜 뉴스와 확인되지 않은 정보가 각종 SNS를 통하여 더욱 빠르게 전파되고 있다. 나 역시 SNS를 통하여 지인들로부터 코로나19를 둘러싼 가짜 뉴스들을 적지 않게 받아왔고, 어쩔 수 없이 '코로나19 가짜 뉴스 감별사' 역할을 해야 했다.

먼저 코로나19 바이러스의 위험성을 지나치게 과장하여 공포를 조장하는 가짜 뉴스를 들 수 있다. 대표적인 것이 코로나19 유행 초기에 범람했던 "코로나19에 감염되면 폐가 굳는 섬유화 현상이 진행되어 영구적 장애를 입는다"는 괴담이다. 즉 코로나19에 걸렸다가 완치돼도 폐 손상으로 인하여 평생 약을 먹어야 하며, 기침과 발열 증상이 나타나서 병원에 갔을 때는 이미 폐의 섬유화 현상이 반 이상 진행되어 늦게 된다는 식의 주장이다.

이것은 중국에서 코로나19로 사망한 어느 환자의 폐 조직을 검사한 결과 치명적인 손상이 발견되었다는 논문이 지나치게 과장되고 성급하게 일반화된 것으로서 대단히 잘못된 정보였다. 즉 소수의 환자가 중증의 폐렴 증상으로 사망했다 하더라도, 중국이건 우리나라건 대부분 감염자는 기침, 발열, 인후통 등의 가벼운 증상을 보이다가 폐렴으로 진행하지 않고 호전되는 경우가 일반적이다.

설령 폐렴으로 진행되었다 해도 극히 일부의 중증 환자를 제외하고는 대부분 회복되어 그다지 후유증을 남기지 않는다는 것이

전문가들의 설명이다. 따라서 코로나19로 인한 영구 장애 운운은 극히 일부의 사례를 침소봉대했을 뿐만 아니라, 사실관계조차 틀린 가짜 뉴스였다.

그리고 코로나19 바이러스의 특성 및 예방법에 대해서도 신뢰하기 힘든 온갖 그릇된 정보가 창궐하였다. 대표적인 것이 "코로나19 바이러스는 열에 매우 약하므로 섭씨 25~30도만 되어도 활동이 크게 약해지거나 사멸한다"는 얘기였다. 따라서 외출 후에 헤어드라이어기를 사용하여 옷이나 마스크 등을 말리면 바이러스가 모두 죽는다는 독특한 소독법이 떠돌기도 했는데, 이 또한 전혀 검증되지 않은 잘못된 정보였다. 이와 유사하게 열풍건조기에 손을 말리면 코로나19 감염을 예방할 수 있다고 해외에서 떠돌던 설에 대해서도, 역시 효과가 없다고 세계보건기구가 공식적으로 반박한 바 있다. 상식적으로 생각해보아도 만약 25~30도의 기온에서 코로나19 바이러스가 사멸한다면, 말레이시아나 싱가포르 등 더운 나라에서도 감염자가 속출했던 현실과 명백히 모순된다.

그 밖에도 코로나19 예방법에 대해 "물을 자주 마시면 입 안의 바이러스가 위로 들어가서 죽게 되므로 안전한 반면에, 물을 잘 마시지 않으면 바이러스가 폐로 들어가서 위험해진다"는 얘기 등 괴이한 정보들도 다양하게 떠돌았다. 코로나바이러스가 인체에 침입, 감염되는 경로를 감안하면 이 역시 전혀 신뢰할 수 없다.

잘못된 정보가 대중을 혼란스럽게 하는 데에 그치지 않고 코로나19를 확산시키는 작용을 했던 어처구니없는 일도 있었다. 2020년 3월, 어느 교회에서는 '소금물로 코로나19 감염을 막을 수 있다'는 잘못된 정보를 믿고 신도들의 입에 차례로 소금물을 분사하는 바람에 도리어 수십 명의 집단 감염을 일으켰다.

나에게도 꾸준히 전달되던 온갖 잘못된 정보들이 많았다. 조금만 논리적으로 생각해보거나 바이러스에 대한 기본 상식만 있어도 오류임을 바로 알아차릴 수 있는 것들이라 안타깝다는 생각이 자주 들었다. 물론 코로나19로 인하여 불안했던 대중이 여러 정보를 접하면, 혹시라도 주변과 지인에 도움이 될까 싶은 급한 마음에 별생각 없이 전달하는 경우가 대부분이었을 것이다. 그러나 우리가 늘 접하는 검증된 바이러스 예방법, 즉 마스크 쓰기, 손 잘 씻기, 사회적 거리 두기 수칙을 잘 지키고 백신을 제대로 접종받는 것 외에 남들이 모르는 특별한 비법이라는 것은 존재하기 어렵다. 가뜩이나 코로나19로 어렵고 혼란스러운 상황에서 그릇된 정보를 주변에 전파하여 본의 아니게 정보전염병의 창궐을 부추기는 경우가 속출하였는데, 꼭 코로나19에 대한 것이 아니더라도 앞으로는 이런 일이 생기지 않도록 주의해야 할 것이다.

인포데믹은 아니었지만 수리생물학, 생물통계학, 복잡계 물리학을 통하여 전염병 확산 모델을 연구하던 과학자들이 코로나19 유행의 종료 시점을 지난 2020년 2월 말 또는 3월 말 그리고 6월 15일로 각각 예측한 연구 결과를 발표하여 방역 당국과 대중에게 본의 아니게 혼선을 초래한 바 있다. 물론 과학자들이 그런 연구를 하는 것은 당연하며 수리과학적 연구 모델에 여러 전제조건과 가정이 동반된다는 것도 잘 알고 있었을 터인데, 섣불리 언론에 발표하거나 인터뷰로 공개한 것은 다소 성급하고 경솔하지 않았나 싶다. 당장 다음 날의 일기예보조차 간혹 틀려서 기상청에 대해 대중의 불만이 고조되곤 하는데, 감염병의 종료 시점을 두고 결과적으로 '양치기 소년의 거짓말'이 되었다면 과학에 대한 대중의 불신이 커질 우려가 있다.

대체로 코로나19가 대유행하기 시작한 2020년 상반기에 범람했던 온갖 가짜 뉴스와 잘못된 의학 정보는 그 후 서서히 줄었으나, 백신 접종이 본격화된 후부터는 백신을 둘러싼 여러 인포데믹이 다시 기승을 부리기 시작했다. 이들은 단순한 가짜 뉴스에 그치지 않고 대중에게 과도한 백신 공포증을 부추겨 백신 접종 거부로 이어진다는 점에서 매우 심각하다고 하겠다. 더구나 코로나19 백신을 접종하고 나서 신체에 알려진 부작용과는 다른 괴이한 변화가 생겼다는 둥, 또는 코로나19 백신에서 정체

불명의 괴생명체가 발견되었다는 둥, 황당하거나 근거 없는 인포데믹에 일반 대중뿐 아니라 일부 의학자까지 가세했던 것은 대단히 유감스러운 일이다.

물론 개발과 상용화에 최소 몇 년 이상 걸리는 다른 종류의 백신과 달리, 코로나19 백신은 불과 1년 정도의 빠른 개발 기간을 거쳐 긴급 승인을 받았다는 점에서 대중의 불안감을 잠재우기 어려웠을 것이라는 점은 어느 정도 이해한다. 또한 드문 경우라고 해도 백신의 부작용과 이상 반응이 발생하는 상황에서 무턱대고 백신 접종을 강요하기도 어려운 일이다. 그러나 백신이 코로나19를 완벽하게 막아주지는 못한다 해도 감염 후에 중증으로 악화하는 것을 방지하고 치명률을 대폭 낮추는 등 큰 효과가 있음을 입증한 바 있다. 그럼에도 불구하고 백신 무용론 또는 백신 공포증을 부추기는 행위는 결국 공동체뿐 아니라 자기 자신을 위해서도 대단히 바람직하지 못한 일이다.

K-방역에 대한 평가와
향후 과제

　　세계적으로 크게 호평을 받기도
했던 우리나라의 코로나19 방역시스템, 이른바 K-방역에 대해서
어떻게 볼 수 있을 것이며, 만약 성공적이었다면 그 요인으로 무
엇을 꼽을 수 있을까? 전문가들은 방역의 성공 또는 실패 여부
는 팬데믹 상황이 종료된 후에나 정확한 평가가 가능하다고 한
다. 감염병이 대유행인 상황에서는 전반적 수치나 과학적 근거
를 꼼꼼히 분석하기가 어렵기 때문이다. 전문가들은 방역의 평
가에 있어서 전체 확진자 수와 사망자 수, 치명률만 중요한 것이
아니라 초과사망률(excess mortality) 또한 매우 중요한 수치라고
말하는데, 특히 의료체계 붕괴로 인해 초과사망이 크게 늘어날
수도 있기 때문이다.

　　다른 나라들과 비교할 때 우리나라는 초기의 확진자 수나

치명률로 보아서 코로나19로 인한 피해가 적고 양호한 편이었으며, 초과사망률도 비교적 낮았으므로 일단 방역에 성공적이었다고 할 수 있다. 이른바 3T(Test, Trace, Treat)에 기반한 방역 모델, 즉 신속한 확진자 검사(Test)와 철저한 역학조사(Trace), 광범위하고 효율적인 접촉자 격리의 처치(Treat)는 한때 세계 여러 나라에서 다투어 배워 갈 정도로 높은 평가를 받았다. 특히 2020년 3월 세계보건기구가 뒤늦게 팬데믹을 선언한 후 미국, 유럽, 일본 등 그동안 선진국이라 불렸던 나라들마저 확진자와 사망자가 급증하고 물품 사재기 등 사회적 혼란이 심해졌던 모습을 접하면서, 안정적으로 코로나19 관리가 이루어졌던 우리는 상당한 자부심을 느꼈다.

세계보건기구는 방역에 있어서 진단, 치료, 백신 공급, 보건의료체계의 네 가지를 중요한 요소로 삼고 있다. 우리나라는 3T 모델에 의한 진단과 치료뿐 아니라 백신 공급 역시 그리 늦지 않게 이루어졌고 높은 접종률을 보였으며, 저렴하게 적절한 치료를 받을 수 있는 국민건강보험과 보건의료체계를 갖추고 있다. K-방역이 성공적이었다면 어느 한 부문만의 공로가 아니라 시민사회를 비롯하여 민간 부문과 정부 당국 등 모두 다 제 역할을 다한 덕분이 아닌가 싶다. 즉 민간 바이오기업들은 발 빠르게 코로나 진단키트를 개발하여 대량 생산하였고, 일부 백신도 국내에서 위탁 생산하여 공급했다. 일부 예외적 집단이나 개인을 제외하고는 대다수 국민이 방역수칙을 지키고 불편을 무릅쓰고 마스크를 잘 썼으며, 역학조사에서의 동선 노출 등 프라이버시 문제도 일정 정도 감수해서 시민사회의 협조 또한 잘 이루어졌다. 질병관리청 등 정부 당국은 일부 시행착오와 미진한 부분도 있었지만, 지난 2015년 메르스 사태 당시의 방역 실패를 교훈 삼아 진단키트의 신속한 승인을 비롯하여 3T에 의한 K-방역 모델이 정착될 수 있도록 하였고, 역학조사 및 방역요원, 의료진의 헌신 또한 빼놓을 수 없다.

그런데 나는 코로나19 대응 과정에서 정부 당국이 가장 잘한 것은 대국민 위험 커뮤니케이션이라고 본다. 위험 커뮤니케이션이란 위험성 평가자, 위험 관리자 및 이해관계자 간의 위험에 대한 의견 교류 과정이라 할 수 있다. 미국 질병통제예방센터(CDC)가 꼽는 위험 커뮤니케이션의 중요한 원칙 중에 신뢰성(be credible)이 있는데, 바로 '솔직함과 진솔함은 위기 상황에서도 타협되어서는 안 된다'는 것이다. 2020년 2월 특정 종교 집단 등에 의해 확진자가 폭증하는 상황에서도, 정부 당국이 감염자 수 등의 수치를 줄이거나 숨기지 않고 매일 솔직하게 공개한 것은 이후 정부가 국민의 신뢰를 얻어 성공적인 방역체계를 구축할 수 있는 중요한 토대가 되었다.

그러나 K-방역의 모든 면이 다 성공적이었다고 평가하기는 어렵다. 성공의 이면에는 분명 어두운 그림자가 있기도 하다. 개인의 정치적 입장 등에 따라 K-방역 전체를 혹평하기도 하지만, 그런 경우가 아니더라도 절반의 성공으로 평가하는 전문가들도 적지 않다. 코로나19 바이러스가 델타, 오미크론으로 변이를 거듭하였는데, 사회적 거리두기 원칙이 변화된 상황에 맞게 제대로 대응하였는지도 다시 살펴볼 필요가 있다.

그런데 무엇보다 방역에 따른 사회경제적 비용을 공평하게 분담하지 않고 일부 계층과 집단에게 거의 전가하다시피 하면서 사실상 희생을 강요한 점은 큰 문제로 남는다. 즉 사회적 거리두기가 길어짐에 따라 카페와 식당, 주점 등 소상공인과 자영업자의 피해는 급증한 반면, 대기업과 백화점, 대다수의 봉급생활자는 별로 피해를 입지 않았다. 영업 시간과 인원 제한에 의해 매출이 크게 감소한 자영업자와 소상공인, 다른 여러 사유에 의해 일자리를 잃은 비정규직 노동자 등 우리 사회의 약자라 할 수 있는 계층과 집단에게 방역에 따른 비용 부담과 피해가 집중되면서 불평등이 도리어 심화된 것은 우리 사회 전체가 해결해야 할 큰 숙제이다.

K-방역이 대체로 성공적이었음에도 불구하고, 왜 국내에서 개발된 코로나19 백신은 없었는지 많은 이들이 의문을 품었을

법하다. 더구나 미국, 영국 같은 선진국뿐 아니라 러시아, 중국, 인도도 자체 개발한 백신을 선보여 여러 나라에 공급하였는데, 우리나라는 외국산 백신 제품의 수입이나 위탁 생산으로 우리 국민의 접종에 필요한 백신을 조달해야 하는 형편이었다.

그렇다고 해서 우리나라에서 백신 개발을 하지 않았던 것은 아니다. 여러 바이오기업과 제약사들이 다양한 방식의 코로나19 백신을 개발하고 있었으며, 일부 기업은 임상 2상 또는 3상 단계를 진행 중이었다. 우리는 약 10여 년 전 신종 플루 사태 이후 인플루엔자 등 바이러스 백신 자체 개발을 본격화하여 정부가 예산을 투입하면서 지원하였고, 지금은 몇 군데 민간 기업에서 위탁에 의해 백신을 대량 생산할 수 있는 시설을 구축하여 국제적으로 인정받고 있다.

백신 전문가들은 우리의 생산 시스템과 개발인력, 전반적 기술 수준은 뛰어난 편이나, 소재·부품·장비의 관련 인프라 및 mRNA 백신 등 일부 첨단기술이 부족하다고 지적한다. 특히 백신 개발은 갑자기 하늘에서 뚝 떨어지는 것이 아니라 탄탄한 기초과학이 기반이 되어야 하는데, 자체 백신을 개발한 러시아와 중국이 기초과학 분야에서 결코 만만치 않은 수준인 반면에 우리는 아직 만족할 만한 형편이 아님을 감안해야 한다.

일각에서는 막대한 비용과 노력이 소요되는 백신을 굳이 자체 개발할 필요 없이 국내에서 위탁 생산하여 조달하면 되지 않느냐고 반문할지 모른다. 그러나 여러모로 볼 때 백신 주권은 반드시 필요하다. 즉 코로나19 백신 공급 사례에서 보았듯이 심각한 팬데믹 상황에서 어느 나라건 백신을 자국에 우선으로 공급하기 마련이며, 향후 코로나가 아닌 다른 감염병에 효과적으로 대처하기 위해서라도 백신의 자체 개발 기반 및 경험은 대단히 중요하다.

자체 개발 외에도 백신과 관련된 다른 중요한 관건은 백신 접종에 관한 오해를 불식하고 원만한 사회적 합의를 도출하는 일, 그리고 백신 부작용에 대해 제대로 보상하는 문제이다. 앞서 언급하였듯이 백신에 대해 황당하기 그지없는 온갖 가짜 뉴스가 난무하는가 하면, 언론에서도 백신의 위험성을 과장하는 경우가 적지 않았다. 물론 백신 접종은 코로나19로부터 자신을 지키기 위한 행위이지만 공동체의 필요에 따라 비자발적으로 이루어지는 면도 있음을 감안해야 하고, 개인에게 어느 정도까지 백신 접종을 강요할 수 있는지는 해외에서도 논란이 된 바 있다. 우리나라는 백신 접종률 또한 세계적으로 높은 수준을 보였지만, 청소년 백신 패스를 둘러싸고 방역 당국과 사법 당국의 판단이 엇갈리면서 일부 혼선을 빚기도 하였다. 백신에 관한 정확한 정보와 대중의 이해를 바탕으로 백신 접종에 관한 합리적이고 사회적인 합의가 이루어져야 한다.

백신 접종 후 이상 반응에 대한 대처와 평가 또한 간과할 수 없는 문제인데, 나중에 다소 늘기는 했지만 코로나 백신으로 인한 사망이라는 인과성이 인정된 사례는 처음에는 극히 적었고, 백신 접종 부작용에 대한 보상 또한 원활하게 이루어지지 않았다. 백신 접종이 사회적 필요에 부응하는 것이라면, 백신 부작용에 대해서도 산업재해나 공해 관련 소송 등 다른 유사한 사례를 참조하여 인과관계 입증 시 개인의 책임을 완화하고 보상 또한 보다 전향적으로 이루어지도록 해야 할 것이다.

이 밖에도 여러 과제가 있겠지만 민간이든 정부든 그동안 겪었던 코로나19 관련 상황과 문제점, 교훈을 모두 면밀하게 복기하여, 앞으로 또 닥쳐올지 모를 신종 감염병에 효과적으로 대처해야 한다.

PART 6

지구온난화와
탄소중립

지루한 논쟁을 하다가
발등의 불이 된 지구온난화

지난 2021년도 노벨물리학상은 사상 최초로 기상학자들이 공동 수상하게 되었는데, 온실가스의 증가 등이 기후변화에 미치는 영향을 밝힌 공로를 인정받은 것이었다.

오늘날 대부분의 사람은 온실가스 배출에 따른 지구온난화를 당연한 기정사실로 받아들일 뿐 아니라, 급격한 기후변화로 인해 지구촌이 앞으로 겪어야 할 재난과 피해를 우려한다. 그리고 각국 정부는 대책 마련과 실행에 몰두하고 있다. 그러나 불과 몇 년 전까지만 해도 지구온난화의 원인을 둘러싼 과학적 논쟁이 끊이지 않았고, 극소수이기는 하지만 여전히 인간의 활동에 의한 지구온난화를 인정하지 않는 이들도 있다. 사실 지구온난화나 기후 문제처럼 수많은 요인과 변수가 복합적으로 작용하고 있는 문제는 '과학적으로 완벽한 입증' 혹은 반증 자체가 대단히 어렵다.

지구온난화라는 사실 자체를 회의적 시선으로 보거나, 인간의 잘못이 아닌 자연현상의 하나로 파악하고 공포가 지나치게 과장되었다며 비판하는 이도 적지 않았고, 심지어 지구온난화는 정치인과 과학자들이 조작해낸 허상일 뿐이라며 음모론을 주장하는 경우도 있었다. 즉 "지구온난화는 저개발국의 발전을 막으려는 선진국의 이해관계와 언론, 과학자를 포함한 기후산업 종사자, 극단적 환경주의자 등이 합작품으로 만들어낸 산물일 뿐"이라는 것인데 오래전에 해외 방송에서 과학자들이 다큐멘터리 형식으로 만든 〈지구온난화 – 그 거대한 사기극〉이 대표적인 경우이다.

또한 정치적 요인에 과학자들이 휘둘리는 매우 우려스러운 일들도 일어나곤 하였다. 미국의 부시 정부 당시 공개된 문건에서 대표적인 사례가 드러난 바 있다. 자국의 산업 보호를 위해 2001년 3월 교토의정서에서 탈퇴한 미국 부시 행정부가 지구온난화에 어떤 입장을 지니고 있었는지는 쉽게 짐작할 수 있다. 그러나 부시는 환경문제에 취약할 수밖에 없는 공화당 정부에 대한 대중의 우려와 불만을 잠재우고자, 지구온난화에 관한 회의론을 적극 유포하려 했다.

여기에 발맞추어 화석연료를 사용함으로써 이익을 얻는 기업들은 자신들을 대표하는 세계기후연맹(Global Climate Coalition)이라는 단체를 조직하여, 1990년대부터 지구온난화에 대비한 예방조치는 필요 없다는 캠페인과 각종 로비를 활발히 펼쳐왔다. 이들은 지구온난화를 뒷받침하는 유력한 과학적 증거가 나올 때마다 회의론자들을 부추겨 적극적인 반론을 펼치도록 하였고, 심지어 상대 진영의 과학자들을 사기꾼으로 몰아붙이기도 하였다.

지구온난화 문제로 과학자들 간에 논쟁과 갈등이 지속되었을 뿐 아니라, 국가 간에도 정치, 경제적 이해관계에 따라 상당한 입장 차이와 갈등의 양상을 보여왔다. 이로 인하여 교토의정서를 대체할 새로운 구속력 있는 기후협약의 도출을 목표로 열렸던 지난 2009년의 제15차 유엔 기후변화협약 당사국총회(COP15), 즉 코펜하겐기후변화회의는 그다지 실질적인 성과를 거두지 못하고 끝났다.

그러나 그 후로 온실가스로 인한 지구온난화를 입증하는 결정적 증거와 연구 결과들이 속속 나오고, 지구촌은 거의 해마다 기후변화로 인한 심각한 기상이변과 재난을 겪으면서 예전의 반대론자나 회의론자 들조차 대부분 입장을 바꾸게 되었다. 더 이상 머뭇거리다가는 공멸할 수밖에 없다는 절박한 현실을 마주

한 것이다.

2015년 12월 파리에서 열린 제21차 유엔 기후변화협약 당사국총회(COP21)에서는 버락 오바마 미국 대통령 주도로 195개 당사국이 파리기후변화협정을 체결하여, 산업화 이전 수준 대비 지구 평균온도가 2도 이상 상승하지 않도록 온실가스 배출량을 단계적으로 감축하자고 합의하였다. 그러나 각국의 자발적인 온실가스 감축 목표 제출 등은 실질적인 구속력이 크지 않았던 데다, 트럼프 미국 대통령은 2017년 6월 파리기후협정 탈퇴를 선언하였다가 후임 바이든 대통령이 당선 직후인 2021년 1월 재가입을 발표하기도 하였다.

2018년 10월 우리나라 송도에서 열린 IPCC(Intergovernmental Panel on Climate Change, 기후변화에 관한 정부 간 협의체) 총회에서는 지구의 평균온도 상승폭을 1.5도 이내로 억제하자는 이른바 '지구온난화 1.5도 특별보고서'가 채택되었다. 당초 파리기후협정에서 언급되었던 2도와 0.5도 차이에 불과한 것처럼 보이지만, 이 수치의 실질적 의미를 살펴보면 매우 엄청난 차이가 있다. 이를 달성하기 위해서는 2030년까지 탄소배출량을 2010년 대비 최소 45% 감축해야 하고, 2050년까지는 탄소 순배출량이 0이 되도록 해야 한다는 것을 의미한다. 이에 따라 세계 각국은 탄소배출 감축과 탄소중립을 위한 대책과 방안 마련을 서두르게 되었다.

지구온난화의 여파로 사냥하지 못해 굶주리는 북극곰 ⓒ Andreas Weith

이처럼 지구촌에 발등의 불이 떨어진 것은, 만약 이 기간 내에 탄소배출 억제에 실패하여 이른바 티핑포인트(Tipping Point)를 지나면 인류가 더 이상 손을 쓸 수조차 없기 때문이다. 즉 온도 상승으로 북극권의 얼음이 더욱 빨리 녹고 시베리아 영구동토층에 갇혀 있던 메탄이 대기 중으로 대거 방출되는 등, 지구 스스로 온실가스 배출과 지구온난화를 가속화하는 악순환에 빠지게 된다면 결국 인류가 도저히 살기 어려운 환경으로 변하고 말 것이다.

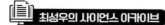

이래도 지구온난화는
사기극?

올여름 한반도는 사상 최악의 폭염에 시달리고 있고, 일본을 비롯한 지구촌 곳곳이 비슷하게 재난적인 상황에 처해 있다. 지구온난화란 단순히 지구의 평균온도가 상승하는 것만을 의미하는 것이 아니다. 이로 인한 기후 교란으로 여름에는 더욱 더워지고 겨울에는 더욱 추워지는 등 날씨가 갈수록 사나워지게 된다. 해마다 전 세계적으로 폭염·가뭄·한파·폭설 등이 워낙 자주 일어나다 보니 이제는 기상이변(氣象異變)이라는 용어 자체가 적합하지 않아 보인다.

모든 나라가 일치단결해서 지구온난화의 주범인 온실가스 감축을 위해 적극적인 행동에 나선다 해도 이미 때가 늦지 않았나 하는 느낌마저 든다. 그러나 불행히도 각국의 이해관계가 충돌하다 보니 실효성 있는 대책에 합의하기가 늘 쉽지 않다. 서유럽과 북유럽은 온실가스 절감에 가장 적극적인데, 그곳의 나라들이 선진국이어서 그런 것만은 아니다. 지구온난화가 가속화될 경우 멕시코만류의 교란으로 인하여 가장 큰 피해를 볼 것으로 예상되기 때문이다. 반면에 온실가스를 가장 많이 배출하는 중국과 미국, 그리고 공업화가 진행 중인 개발도상국들은 입장이 같을 수가 없고, 서로에게 책임을 떠넘기려는 행태마저 보여왔다.

심지어 지구온난화라는 과학적 사실마저 정치, 경제적 입김에 따라 춤을 추기도 한다. 지구온난화는 사실이 아니거나 설령 그렇다 해도 다른 원인에 의한 것일 뿐 온실가스 증가와는 무관하다고 강변하는 지구온난화 회의론자들이 여전히 적지 않다. 이들은 한술 더 떠서 지구온난화는 일부 과학자나 기후산업 종사자, 환경주의자가 만들어 낸 사기극에 불과하다는 음모론적인 주장마저 서슴지 않는다.

자국의 산업 보호를 위해 교토의정서에서 탈퇴했던 미국 부시 정권 당시에는 화석연료 사용 기업들을 중심으로 지구온난화에 대비한 조치는 필요 없다는 캠페인과 로비 활동이 펼쳐진 적이 있다. 현 미국 정부 역시 비슷한 입장이다. 작년에 트럼프 대통령은 전임 대통령 시절 거의 전 세계가 어렵게 합의했던 파리기후협정에서 탈퇴한다고 선언하고 말았다. 영화 〈투모로우〉의 마지막 장면처럼, 미국인 대다수가 기후 재난으로 이웃 나라로 피난 가야만 하는 극한적 상황이 닥쳐야 정신을 차릴지 답답하기 그지없는 노릇이다.

– 2018년 8월 6일 《중앙일보》게재 저자 칼럼

탄소포집 기술 등이
구세주가 될 수 있을까?

　　만시지탄(晚時之歎)인 감은 있지
만 세계 각국은 이른바 탄소중립(炭素中立, carbon neutral), 즉 이
산화탄소를 배출한 만큼 흡수하는 대책 등을 세워 실질적인 이
산화탄소 배출량을 '0'으로 만들 것을 선언하고 구체적 정책 수
립과 행동에 나서고 있다. 각국 정부뿐 아니라 민간재단 등에서
도 온실가스 감축 및 탄소중립의 실현을 위해 발 벗고 나서고
있다. 인류가 직면한 큰 문제들을 해결하기 위해 혁신적인 각종
국제 경연 대회들을 개최하는 것으로 잘 알려진 비영리단체 엑
스프라이즈(XPRIZE)가 대표적인 경우이다.

　　2021년 4월 지구의 날에 엑스프라이즈는 머스크 재단의 후
원을 받아 총 1억 달러의 상금을 내걸고 탄소포집 기술 개발 대
회인 '엑스프라이즈 카본 리무벌(XPRIZE Carbon Removal)'의 개

최를 공식화하였다. 이 대회의 골자는 친환경적 방식으로 대기나 해양에서 이산화탄소를 직접 영구 포집하는 해결 방안을 개발한 혁신적인 팀이나 개인에게 총 1억 달러의 상금을 지급하겠다는 것이다.

민간재단이 대회까지 개최할 정도로 탄소포집 기술 개발을 독려하고 나선 것은, 화석연료 절감 등 기존의 방법들만으로는 탄소중립을 실현하기가 매우 어렵다고 여겨지기 때문이다. 2010년 이후 지구 전체에서 대기로 배출되는 총탄소량은 매년 약 110억 톤 정도 규모로 추산되는 데 비해, 육상식물 및 해양 플랑크톤의 광합성을 통하여 포집되는 탄소의 양은 약 59억 톤 정도로 배출량의 절반 정도밖에 안 된다.

즉 연간 탄소 배출량이 비슷한 수준으로 유지된다면 탄소중립을 실현하기 위해서 매년 수십억 톤의 이산화탄소를 포집 또는 격리하여 제거하는 방식으로 적극적으로 줄여야 한다는 의미이다. 이를 위한 기술이 바로 CCUS(Carbon Capture, Utilization, and Storage) 기술이다.

이산화탄소의 포집, 수송, 활용, 저장으로 이산화탄소를 줄여서 대기 중의 온실가스를 감소시키려는 CCUS 분야에도 매우 다양한 기술과 방안이 있는데, 크게는 세 가지 단계로 분류될 수 있다. 첫째는 대기 중에서 이산화탄소를 포집하는 것으로서 석탄, 석유, 천연가스 등의 화석연료를 대량으로 사용하는 화력발전소 및 정유시설, 제철소, 시멘트 공장 등의 산업 공정에서 발생하는 가스에서 이산화탄소를 분리하거나, 이미 대기 중에 방출된 이산화탄소를 잡아내는 포집 단계이다. 두 번째는 운송 단계로서 포집, 분리된 이산화탄소를 압축하여 파이프라인이나 교통수단 등을 통하여 저장을 위한 다른 장소로 이동시켜야 하는 것을 의미한다. 세 번째는 사용 또는 저장 단계로서, 포집한 이산화탄소를 다른 화학물질이나 시멘트, 플라스틱 등의 재료로 만들어서 활용하거나, 대기 중으로 빠져나가지 못하도록 지하의 암석층이나 해양에 저장하는 것이다.

대기 중에서 이산화탄소만을 따로 포집하는 기술은 지구온난화가 심각해진 오늘날에 크게 주목을 받고 있지만, 원리와 기술이 정립된 것은 상당히 오래되었다. 현재 대기 중에서 이산화탄소를 잡아내는 기술로는 아민(amine)이라는 질소 유기화합물을 사용하는 방법이 널리 알려져 있다. 이는 암모니아(NH_3)에서 하나 이상의 수소가 알킬기나 방향족고리로 치환된 것을 포함하는 화합물의 총칭인데, 반응성이 좋아서 대기 정도로 매우 낮은 농도의 이산화탄소도 잘 포집할 수 있다.

아민을 이용하는 탄소포집 기술은 1930년대에 이미 특허를 취득했을 정도로 오래된 기술이고, 현재 화력발전소 등에서도 활용하고 있다. 대개 아민을 녹인 수용액을 작은 물방울로 만들어서 분사함으로써 아민 분자에 의해 이산화탄소를 포획하고, 이후 이산화탄소를 머금은 아민 수용액을 가열하여 이산화탄소를 분리한 후 높은 압력으로 압축하여 보관하는 방식이다.

그러나 아민을 이용한 이산화탄소 포집, 분리는 고온, 고압의 공정이 필요하므로 상당한 에너지가 투입되어야 하고, 따라서 이 과정에서 일정 정도의 이산화탄소 발생도 불가피하다. 즉 상당한 비용이 소요될 뿐 아니라 일부 이산화탄소 배출이 불가피한 점을 감안하면 탄소포집 효율도 그리 뛰어나다고 말하기 어렵다. 따라서 대기 중에서 이산화탄소 직접 포집은 새로운 방법을 통하여 포집 단가를 크게 낮추고 효율을 높이는 것이 관건이다. 연구진들은 그런 기술을 개발하기 위하여 큰 노력을 기울이고 있다.

현재 세계 각국에서 대기 중 이산화탄소 포집을 통하여 감소시킬 수 있는 이산화탄소의 총량은 최대 40메가톤, 즉 4,000만 톤으로 추산한다. 대기 중에 배출된 탄소는 대부분 이산화탄소 형태로 존재하므로, 연간 110억 톤 정도 배출되는 탄소 중에서 화석연료 사용에 의한 이산화탄소는 해마다 350억 톤 정도가 나오는 것으로 추산된다. 따라서 현재의 대기 중 이산화탄소 포집은 연간 배출량의 0.1% 남짓에 그친다.

CCUS 기술 중에서 이산화탄소 포집만 중요한 것이 아니라, 이를 유용하게 활용하거나 격리된 곳에 저장하는 것도 매우 중요하다. 이산화탄소를 이루는 탄소 성분은 동식물을 비롯하여 매우 다양한 물질을 구성하기 때문에, 이산화탄소로부터 식품, 생활용품, 연료를 만들어서 다시 활용하는 기술은 CCUS에서도 상당히 핵심적인 기술로 떠오르고 있다.

다만 이렇게 만들어진 제품에 많은 양의 이산화탄소가 포함되어 있다고 하더라도 제품을 생산하는 과정에서도 에너지가 소모될 것이므로, 도리어 전체적으로 더 많은 탄소를 배출한다면 물론 전혀 의미가 없다. 즉 이산화탄소의 재활용 기술에 있어서는 탄소의 순배출량을 마이너스로 만들고, 제품의 제조 단가를 낮추는 것이 관건이다.

이산화탄소 재활용 기술과 아울러, 대기로부터 포집한 이산화탄소를 격리하여 저장하는 것도 CCUS에서 대단히 중요한 분야이다. 이산화탄소가 다시 대기로 방출되지 않도록 장기적이고 안정적으로 저장하는 방법으로는 바다 또는 해저 바닥에 저장하는 해양 저장기술(ocean storage technology)과 땅속 깊은 곳에 저장하는 지중 저장기술(geologcial storage technology)이 있다. 해양 저장기술은 생태계 파괴나 해양의 산성화 우려가 있고, 무엇보다 해양 자체가 지구 탄소 순환의 한 요소를 이루는 시스템을 구성하므로 영구적 이산화탄소 저장이 매우 어렵다는 문제가 있다. 지중 저장기술은 이산화탄소를 안정적으로 격리, 저장할 수 있는 실용적이고 효과적인 방법으로 오래전부터 연구개발이 되었고, 세계적으로 수십 곳 이상의 대형 이산화탄소 지중 저장소가 운영되고 있고, 새로운 프로젝트도 활발히 진행되고 있다.

일부 전문가들은 설령 앞으로 새롭고 획기적인 CCUS 기술들이 개발된다고 해도 그것을 실용화하고 관련 인프라를 갖추는 데에 엄청난 비용과 오랜 세월이 소요될 것이라면서 비관적으로 평가하기도 한다. 환경단체나 신재생에너지 관계자 등은 CCUS 기술에 너무 의존하여 탄소배출 자체를 줄이려는 노력을 게을리하거나, 자칫 신재생에너지를 확대하려는 데에 걸림돌로 작용할 수 있다는 점을 우려하는 듯하다.

CCUS 기술과는 다소 맥락을 달리하지만 지구의 온도를 낮추거나 최소한 지속적 상승을 막기 위해서는, 태양에서 지구로 오는 열을 차단하는 이른바 태양 지구공학(solar geoengineering)이라는 적극적 방법을 동원해야 한다는 주장도 있다. 지구의 온도는 태양으로부터 받는 에너지와 지구가 적외선의 형태로 방출하는 복사열에 의해 결정되는데, 인위적 방법으로 지구의 에너지 균형을 조절하여 지구온난화 및 기후 문제 해결에 기여하고자 하는 것이 태양 지구공학의 목적이다.

　태양 지구공학적 개념이 처음 나온 것은 1960년대 중반으로 꽤 오래되었고 상당히 다양한 방안이 있다. 가장 자주 거론되고 실현 가능성도 높다고 여겨지는 방안은 대기권 상층이나 성층권에 미세한 입자, 즉 에어로졸을 뿌려서 햇빛의 영향을 줄이자는 것이다. 이 방법은 1995년도 노벨화학상 수상자인 네덜란드의 화학자 파울 크뤼천(Paul Jozef Crutzen, 1933~2021)도 일찍이 제안한 것으로서 이러한 주장이 상당히 설득력 있는 이유는, 그동안 지구의 화산폭발 활동을 통하여 자연적으로 어느 정도 실증되었기 때문이다.

　태양 지구공학적 방법 중에서 최근에 추진된 가장 대표적이며 유명한 계획으로서 2014년부터 미국 하버드대학의 공학자들이 시작한 스코펙스(SCoPEx, Stratospheric Controlled Perturbation Experiment) 프로젝트가 있다. 이는 커다란 풍선에 프로펠러가 장착된 실험 장비를 매달아 성층권으로 올려보내서 에어로졸을 뿌린 후 그 영향을 측정하겠다는 것이었다. 스코펙스 추진팀은 원래 2021년 6월에 스웨덴 북쪽의 도시인 키루나(Kiruna)에 위치한 이스레인지(Esrange) 우주센터에서 실험을 추진할 계획이었으나, 해당 지역의 원주민 단체와 의회가 부작용과 재앙의 가능성을 경고했고 국제사회의 우려가 커지면서 실험은 2021년 4월

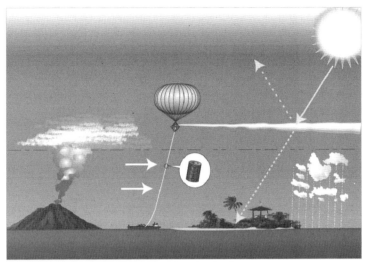

태양 지구공학적 방법을 그린 모식도 ⓒ Hughhunt

에 중단되었다.

　스코펙스는 작은 규모의 실험을 계획하였지만, 향후 실험 규모가 커진다면 몬순기후의 교란이나 지구 전체에 예상치 못한 돌발 상황을 초래하여 폭우나 무더위, 가뭄을 일으킬 수 있다고 우려한다. 이런 식의 실험이 지구의 기후와 시스템에 미칠 영향에 대한 연구와 데이터는 아직 미미한 실정이다. 봉준호 감독의 영화 〈설국열차〉는 바로 지구온난화를 막기 위해 성층권에 인위적으로 에어로졸을 투입한 결과, 도리어 빙하기와 같은 추위가 닥친다는 설정에서 시작한다. 마치 대규모 태양 지구공학 실험이 몰고 올 수도 있는 재앙과 위험을 경고하는 듯하다.

그런데 첨단의 공학이나 신기술을 동원하지 않고도, 나무를 더 많이 심고 숲과 녹지대를 늘려서 식물의 광합성이라는 자연적 섭리를 통해 이산화탄소를 줄이는 고전적 방안 역시 매우 중요하다는 주장도 있다. 무엇보다 이 방법은 오랜 세월을 거쳐 확실하게 검증된 것으로서, 새로운 기술이 초래할지도 모르는 부작용의 우려가 전혀 없다. 또한 이산화탄소 감소 외에도 지구 환경 개선에 여러 좋은 영향을 줄 수 있다는 장점도 있다.

전 세계 지리정보에 대한 탐사를 통하여 이 방법을 구체적으로 연구한 과학자들에 따르면, 도시와 농경지를 제외한 남는 땅에 앞으로 1조 2,000억 그루 정도의 나무를 심어서 풍성한 숲을 형성하면 무려 205기가톤 정도의 탄소를 추가로 흡수할 수 있다고 한다. 반론도 만만치 않은데, 나무 심기가 향후 지구온난화 문제를 해결할 수 있는 잠재력을 지닌다는 점을 인정한다 해도 과연 단기간에 현실적으로 실현 가능할 것인지 의문이 제기될 수밖에 없다. 그리고 연구상의 오류를 지적하는 논문도 나오면서 상당한 논란이 있기도 했는데, 새로 나무를 심기에 앞서서 아마존 열대우림 등 현존하는 산림이라도 경작지 개간과 환경 파괴, 산불로부터 잘 보존하는 것이 매우 중요할 듯하다.

요컨대 지구온난화 문제를 일거에 해결할 수 있는 마법 같은 획기적인 해결책은 기대하기 힘들 것이다. 물론 관련 연구개발에 세계 각국이 대대적으로 투자하겠지만, 앞으로 남은 시간이 길지 않다는 점을 감안하면 미지의 기술에만 인류의 운명을 맡길 수는 없다. 따라서 이산화탄소 포집이나 활용을 위한 CCUS 기술 등을 적극적으로 개발하면서 화석연료의 사용을 더욱 줄이고 신재생에너지의 비중을 늘리는 동시에, 비록 느릴지 몰라도 나무를 더 심고 숲을 더욱 조성하고 보존하는 노력을 통하여 탄소중립에 조금이라도 힘을 보태야 한다.

수소경제에 대한
이해와 오해

　　탄소중립이 전 세계적으로 절체 절명의 과제가 된 요즈음, 이와 관련해서 매우 많이 거론되는 용어가 바로 '수소경제'이다. 수소경제는 미래학자로 유명한 제러미 리프킨(Jeremy Rifkin)이 2002년에 출간한 저서 『The Hydrogen Economy』를 계기로 널리 알려지게 되었는데, 이 책은 우리나라에도 『수소 혁명: 석유 시대의 종말과 세계 경제의 미래』로 번역되어 나왔다.

　　이 책에서 리프킨은 석유 고갈의 조짐이 현실화할 시점에서는 국제유가가 배럴당 200달러 또는 300달러 이상으로 치솟을지 모르며, 미래의 에너지에 대해 아무런 준비와 대책 없이 그 시기를 맞이한다면 세계는 지난 1970년대 석유파동기의 고통과 혼란을 몇 배 능가하는 끔찍한 재앙에 빠질 수 있다고 경고했다. 그리고 미래의 새로운 에너지 수단으로서 수소를 꼽으면서, 수소 에너지가 몰고 올 정치경제, 사회문화적 구조의 변화와 전망을 진단하였다.

다만 리프킨의 우려와 달리 새로운 유전이 지속적으로 개발되고 셰일가스(shale gas) 같은 신종 화석연료가 주목받으면서, 국제유가가 감당하기 어려운 수준으로 폭등하는 일은 아직 일어나지 않았다. 그러나 리프킨의 경고와 문제의식이 여전히 주효한 것은 막대한 화석연료의 사용에 따라 치러야 할 대가, 즉 심각한 지구온난화와 기후위기에 지구촌 전체가 직면했기 때문이다. 따라서 이제는 탈 탄소로 가기 위한 여정, 즉 탄소중립을 실현하기 위하여 수소경제가 중요하게 부상한 것이다.

그런데 수소경제 또는 에너지로서의 수소에 대해서 대중들이건 오피니언리더들이건 잘못 알고 있는 부분들이 적지 않다. 어떤 사람들은 수소가 지구상의 물에 포함된 거의 무진장한 에너지 자원이라고 얘기하기도 하는데, 이것은 잘못된 표현이다. 수소 원자 두 개와 산소 원자 한 개가 결합된 화합물, 즉 물을 구성하고 있는 형태의 수소는 에너지원으로서의 가치가 전혀 없다. 수소는 탄소화합물처럼 다른 원소와 결합하고 있을 때 또는 홑원소 물질로서 수소 분자(H_2)일 경우에만 연료나 에너지원으로 사용할 수 있다. 따라서 수소를 에너지 수단으로 사용하기 위해서는 천연가스를 개질(改質)해 수소를 만들거나, 물을 전기분해해서 산소로부터 수소를 분리해야만 한다.

석유나 천연가스 같은 화석연료는 송유관을 통하여 운송할 수 있으므로 에너지의 저장과 운반, 배분이 가능한 이용매체이자 그 자체가 에너지원도 된다. 그러나 수소는 자체가 에너지원인 것이 아니라, 일종의 에너지 운반체이며 전기처럼 따로 만들어내어야 하는 제2의 에너지 형태이다. 수소경제에 관한 오해와 불필요한 논란의 상당 부분은 이를 혼동하는 데에서 비롯하는데, 즉 수소 자체를 새로운 1차 에너지원으로 잘못 생각하느냐, 아니면 에너지의 저장과 운반 매체로서 올바로 인식하느냐에 달려 있다.

최근 우리나라에서도 도로 위를 달리는 수소자동차를 가끔 볼 수 있다. 수소를 연료로 하는 자동차라면 가솔린 자동차처럼 내연기관 안에서 휘발유 대신 수소를 태워서 작동하는 것도 가능하겠지만, 이는 위험성이 높고 효율도 낮아서 상용화되기 어렵다. 일반적으로 얘기되는 수소차란 정확히는 수소 연료전지 자동차(Hydrogen Fuel Cell Electric Vehicle)를 의미하는데, 넓게 보면 이것도 전기차의 일종이다. 다만 충전식 배터리를 장착한 전기자동차와 달리, 수소차는 수소가 산소와 만나서 물이 되는 연료전지 내 화학반응 과정에서 발생하는 전기로 작동한다.

따라서 수소차는 기존의 주유소나 전기충전소가 아닌 수소 충전소라는 새로운 인프라를 통하여 수소를 공급해줘야 한다. 온실가스와 온갖 해로운 오염물질을 배출하는 화석연료자동차와 달리, 수소차가 내놓는 것은 수증기, 즉 물밖에 없으므로 탄소를 배출하지 않는 친환경적 교통수단인 것은 맞지만, 문제는 연료인 수소를 생산하기 위한 과정이 그리 친환경적이지 않을 수 있다는 점이다.

수소는 원료가 되는 물질이나 생산 방법에 따라 회색 수소 (gray hydrogen), 파란 수소(blue hydrogen), 녹색 수소(green hydrogen) 등 여러 가지로 '색깔'이 나뉜다. 회색 수소란 화석연료 중 주로 천연가스를 고온, 고압에서 반응시켜 개질하여 추출하는 수소로서, 열과 에너지가 투입되어야 할 뿐 아니라 1톤의 수소를 얻기 위해 약 10톤의 이산화탄소를 대기 중에 방출해야 한다. 석유화학 공정이나 철강 공정에서 부수적으로 나오는 부생수소(副生水素)도 회색 수소에 포함된다. 천연가스 대신 갈탄이나 유연탄을 원료로 하여 만드는 수소를 갈색 수소(brown hydrogen) 또는 검정 수소(black hydrogen)라고 하는데, 이산화탄소 발생량은 회색 수소보다 더욱 많다.

파란 수소란 회색 수소나 갈색 수소와 같은 방식으로 생산하지만, 공정에서 이산화탄소를 포집·저장하여 탄소배출을 줄인 것을 의미한다. 녹색 수소란 태양광·풍력 등 재생에너지만을 사용하여 생산된 전기로 물을 전기분해(수전해)하여 생산한 수소로서, 이산화탄소 배출이 전혀 없지만 생산 단가가 높으므로 경제성 확보가 쉽지 않다. 탄소중립에 보다 기여할 수 있는 수소 생산을 위해서는 녹색 수소 또는 파란 수소가 많아야겠지만, 현실은 전혀 그렇지 못하다. 몇 년 전 통계에 따르면 우리나라건 전 세계이건 소비되는 수소의 99% 정도가 회색 수소라고 한다.

따라서 진정한 의미의 수소경제가 과연 가능할지, 또는 기존의 화석연료 관련 산업이나 원자력 산업의 수명 연장을 위한 방편이 아닌지 의심하는 시각도 있는데, 이는 수소경제가 오래전에 처음 거론될 때부터 언급된 바 있다. 앞으로는 녹색 수소의 비중을 크게 늘려서 궁극적으로는 수소경제가 곧 탄소중립의 핵심이 되도록 해야겠지만, 인류가 오랫동안 익숙해 있던 화석연료 기반 산업 체제와 환경에서 탈피하여 에너지 대전환을 이루는 일이 쉽지는 않을 것이다. 그러나 이미 시작된 탈 탄소의 여정에서 지속가능한 발전뿐 아니라 향후 인류의 생존을 위해서라도 수소경제는 사실상 유일한 대안으로 간주된다.

우리나라는 참여정부 시절인 지난 2005년, '수소경제 종합 기본계획'을 발표하면서 향후 몇십 년 내에 수소차 1천만 대 이상 보급 등 거창한 목표를 내세운 바 있다. 그러나 정부건 대중이건 이후 급속히 관심이 시들면서 거의 잊혀오다가, 근래에야 다시 주목을 받고 있다.

문재인 정부는 2021년 2월, 세계 최초로 '수소경제 육성 및 수소 안전관리에 관한 법률'을 시행하였고, 전기차에 비하면 아직 적은 비율이긴 하지만 국내 자동차기업이 대량 생산하고 있는 수소차의 국내 운행 대수 또한 세계에서 가장 많은 수준이다. 수소경제를 본격적으로 구축하려면 수소의 제조 및 공급 인프라 구축을 위해 앞으로도 막대한 비용과 시간, 노력을 투자해야 한다. 일시적인 시류 편승이나 조급한 태도는 지양하고, 멀고 길게 보는 안목과 끈질기게 인내하는 자세가 더욱 필요하다.

탄소중립은
정말 가능할까?

심각한 지구온난화와 기후변화 문제로 전 세계에 발등의 불이 떨어진 상황에서, 우리나라 역시 2021년 5월에 정부 및 시민단체, 산업계, 학계, 각계 전문가가 참여하는 대통령 직속 2050 탄소중립위원회를 출범시켰다. 같은 해 8월 탄소중립기본법이 국회를 통과하였고 10월에 정부의 탄소중립 시나리오가 발표되면서, 국무회의에서 2030년까지 국가 온실가스 배출량을 2018년 기준 40% 감축하고 2050년까지 온실가스 순배출량을 '0'으로 하여 탄소중립을 달성한다는 목표와 계획을 확정하였다. 그리고 문재인 대통령은 11월에 영국 글래스고에서 열린 제26차 유엔 기후변화협약 당사국 총회(COP26)에서 이를 선언하고 서명하였다.

탄소중립위원회에서 논의한 여러 초안을 바탕으로 정부가

확정한 최종안은 두 가지 시나리오로 구성되는데, 화력발전 중 LNG 일부를 잔존하느냐 전면 중단하느냐, 그리고 이산화탄소 포집 및 활용 저장(CCUS)의 양을 어느 정도로 계획하느냐에 다소 차이가 있을 뿐, 2050년까지 전체 배출량을 0으로 만든다는 것은 동일하다. 탄소중립이 발전 부문에만 한정된 것은 아니지만, 에너지원의 종류에 따른 발전량 비중은 2021년 기준 석탄과 LNG를 합한 화력발전이 전체의 3분의 2를 차지하며, 원자력발전이 4분의 1인 25% 정도인 반면에, 신재생에너지는 7%에 불과하다.

이와 같은 정부의 탄소중립 방안에 대해서 너무 무리한 목표이거나 졸속으로 마련되었다는 언론과 산업계, 시민단체 등 각계의 비판과 우려의 목소리가 끊이지 않았는데, 상당 부분은 타당한 지적이라 보인다. 경제계와 산업계, 학계 일부에서는 정부안이 충분한 사회적 합의 없이 추진된 데다, 과도한 탄소 감축 정책에 따라 기업의 부담과 경제적 피해가 감당하지 못할 정도로 커질 수 있다고 주장하였다. 반면에 기후·환경 관련 시민단체 등에서는 탈 석탄의 계획과 추진 속도가 불분명하고 너무 늦는 데다가, 상용화가 불투명한 CCUS 기술에 너무 의존하는 점을 지적하면서 기후위기를 막기에는 미흡한 수준이라고 비판하였다.

아무튼 정부의 시나리오와 방안은 양측에서 다 비판을 받은 셈인데, 무엇보다 단계적 탄소감축과 최종적인 탄소중립을 실현하는 데 드는 비용이 얼마나 소요될 것인지에 대해서 구체적 언급이 없는 것 또한 큰 문제로 보인다. 탄소중립을 위한 에너지 전환 과정에서 국내총생산(GDP)의 0.07%가 감소할 수 있다고 탄소중립위원회가 밝히기도 했고, 석탄화력발전소 등 이른바 좌초자산과 매몰비용을 제외하더라도 향후 예산이 어마어마하게 소요될 것으로 보이지만, 전문가들조차 정확히 얼마나 될지는 예측하기 쉽지 않을 듯하다.

그러나 국내의 산업과 경제에 상당한 부담과 피해가 예상된다고 해서 탄소 감축을 일부러 늦추거나 소홀히 하기도 매우 곤란하다. 이미 국제사회에 약속한 것도 있지만, 세계적 흐름에 역행할 경우 새로운 국제 규범과 제재로 무역이 큰 비중을 차지하는 우리 경제에 도리어 더 크고 치명적인 피해를 야기할 가능성이 크다. 더구나 각국 정부뿐 아니라 민간기업들도 적극 나서고 있는데, 이른바 RE100, 즉 기업 소비전력의 100%를 태양광, 풍력 등의 신재생에너지로 조달하겠다는 국제 캠페인에 구글, 애플, GM 등 수백 개의 글로벌기업들이 참여하고 있고 우리 기업들도 외면하기 어려운 상황이다.

세계에서 일곱 번째로 온실가스 배출량이 많은 데다가 신재생에너지의 사용 비율은 매우 낮은 '탄소 감축 지각생 국가'로 꼽히는 우리나라는 앞으로 자칫 진퇴양난에 빠질 수 있는 상황이다. 그렇다면 앞으로 신재생에너지만으로 과연 탄소중립의 실현이 가능할까? 근래 원자력 업계를 비롯한 산업계, 학계에서는 원자력에너지 없는 탄소중립은 불가능하다면서, 탄소중립을 위해서라도 원자력발전의 중요성이 더욱 커졌으니 탈원전 정책은 폐지되어야 한다고 주장하기도 한다. 그러나 기후·환경 단체나 신재생에너지를 중시하는 측에서는 대형 사고의 위험성이나 핵 폐기물 문제 등이 여전한 상황에서 원자력발전을 다시 논의할 이유는 없다고 일축하기도 한다.

유럽에서도 이 문제는 논란이 되어왔는데 일찍부터 탈원전을 추진한 독일과 원자력 강국인 프랑스 간에 갈등이 적지 않았다. 다른 유럽 국가들도 현실적 어려움에 직면하다 보니 이른바 유럽 택소노미(Taxonomy), 즉 녹색분류체계에 최근 원자력발전과 천연가스를 조건부로 포함시키는 것으로 결정되었다.

그러나 어찌 보면 탄소배출에 따른 기후변화로 지구를 급속히 망가지게 하느냐, 원전 폭발사고 또는 수만 년 이상 남는 방사성 폐기물로 지구를 서서히 더럽히느냐의 차이일 뿐, '탄소중립을 위한 원자력발전'이라는 명제는 애초부터 잘못되었다고 볼 수 있다. 다만 여러 현실적 문제 등을 고려한다면 차라리 '원자

력발전을 포함하는 탄소중립'과 '원자력발전이 없는 탄소중립'
두 가지 방향을 모두 면밀하게 검토하는 것이 바람직할 듯하다.

그렇다면 우리나라에서 탈원전의 탄소중립, 즉 신재생에너지
만으로 향후 발전 수요를 모두 감당하여 탄소중립을 달성하는
것이 가능할까? 가능할 것이라는 입장과 불가능하다는 입장이
첨예하게 대립하고 있는데, 명백한 사실 왜곡이나 일부 가짜뉴
스를 제외하고는 양쪽 다 틀리지 않고 나름의 일리가 있다고 생
각한다. 무원칙한 양시론 또는 양비론을 주장하려는 것이 아니
라 과학기술학자들의 이른바 '네트워크 이론'에 따르면, 이러한
사안의 경우는 서로 자신의 입장에 유리한 근거와 네트워크를
내세워 논지를 펼치기 때문에 객관적 사실관계조차 정확히 파
악하기 어려울 수 있기 때문이다.

원자력발전이 불가피하다고 보는 측은 국토가 좁고 인구밀
도가 높은 우리나라에서 태양광, 풍력 등의 신재생에너지를 충
분히 확보하기도 어렵거니와, 시간적 공간적 편차가 심한 '간헐
성'이라는 특성이 있는 신재생에너지만으로 그동안 화력과 원자
력이 담당해온 기저 발전을 대체하기란 더욱 어려울 것이라 주
장한다. 반면에 탈원전과 탄소중립의 양립이 가능하다고 보는
측은 어차피 원자력발전은 비용 면에서도 경쟁력을 상실했을
뿐 아니라 신재생에너지 관련 기술은 더욱 발전하고 있으며, 전

국토의 극히 일부만 제대로 활용해도 충분한 신재생에너지를 생산할 수 있다고 주장한다.

긴 안목에서 본다면 탈원전과 신재생에너지를 통한 탄소중립의 방향은 기본적으로 옳다고 생각한다. 그러나 그 과정에서 발생하는 여러 문제들, 예를 들어 태양광 패널이나 풍력발전기의 설치 과정에서 도리어 환경을 파괴할 우려나 일부 주민의 반대 등을 극복할 수 있는 방안이 있어야 할 것이며, 그 밖의 숱한 현실적 난관이나 제도적 미비를 간과한 채 가장 이상적인 경우만 가정하여 탄소중립이 가능하다고 강변해서는 곤란할 것이다. 특히 기존의 화력발전과 원자력발전이 중심이 된 현재의 중앙집중식 전력공급체계는 분산전원이라는 특성이 강한 신재생에너지와 조화를 이루기가 쉽지 않으므로, 이러한 전력 그리드망을 재편하는 문제는 간단하지 않다. 제러미 리프킨이 오래전에 언급한 수소에너지망(HWP)의 구축으로 완벽한 분산적 시스템과 수소경제가 이루어지면 이 문제 또한 해결될 수 있겠지만, 단기간에 실현되리라 기대하기는 어렵다.

최근 우리 사회에서 탈원전을 둘러싸고 극심한 대립과 소모적 논쟁이 이어지는 경우가 많았다. 그러나 한편으로는 과연 정치적 논쟁으로까지 비화할 정도로 화해와 타협이 불가능한 문제인가는 매우 의문스럽다. 이른바 탈원전을 외쳤던 문재인 정부에서도 당장 원자력발전을 중단하자는 것도 아니었고, 독일에 비하면 추진 속도와 강도가 훨씬 낮았던 '감원전' 수준이었다고 평가해야 할 것이다. 뒤늦게 입장을 다소 바꾸었지만, 초기에 문재인 정부가 탈원전이라는 용어를 지나치게 강조하여 논란을 자초한 측면도 없지 않다. 설령 원자력발전에 찬성하는 입장이라 해도 부지 확보나 주민 설득 문제 등으로 대규모 신규 원전을 건설하는 것은 쉽지 않을 것이고, 또한 유럽 택소노미에서 원전을 허용하는 까다로운 조건의 하나였던 고준위 방사성 폐기물을 처리할 장소의 확보는 더욱 어렵다고 할 것이다. 이미 계획되었다가 건설이 중단되었던 원전의 건설 재개 여부, 수명이 다한 원전의 수명 연장 문제 등에서 차이가 나는 정도가 아닐까 싶다.

탄소중립을 위한 실현 가능한 구체적 방안을 마련하여 추진하는 일은 새 정부의 중요한 과제가 되었다. 비용 부담 문제를 포함한 상세한 시나리오와 자료의 공개를 통하여 국민을 설득하고 사회적 합의를 이루어내는 것이 가장 중요할 것이다. 또한 석탄화력발전소나 내연기관 자동차산업 등 에너지 전환 과정에서 일자리를 잃거나 피해를 보는 사람들에 대한 실질적 대책을 마련하는 것도 정부가 해야 할 일이다.

PART 7

과학기술인력
관련 대책

이공계 기피 현상의 심화와
이공계 비정규직 문제의 개선 과정

오늘날에는 '이공계 기피 현상' 하면 많은 사람이 고개를 갸웃거릴지도 모른다. 청년실업난이 극심한 마당에 이른바 '문송'이라는 신조어가 나올 정도로 취업이 어려운 인문사회계에 비하면, 그나마 이공계 쪽이 취업에서 나은 편이 아닌가 여겨지기 때문이다. 그러나 우수 인재들의 이공계 기피, 좁게는 의약계 편중이 심화되면서 사회적 문제로까지 대두된 지난 2000년대 초반이나 20년이 지난 지금이나 이공계 기피 현상은 엄연히 존재하는 현실이며, 사정 또한 그다지 달라진 것이 없다.

물론 중고등학교 시절의 성적으로 모든 것을 재단하거나 세칭 명문대에만 집착하는 것은 바람직하지 못하겠지만, 최우수 학생들이 모종의 사명감 또는 자부심을 지니고 이공계로 진학하던 시절은 먼 과거일 뿐이다. '거의 성적순으로 전국의 모든 의과대학을 다 채운 다음에야 서울대 이공계⋯⋯'라는 이야기가 나온 것이 벌써 20년 가까이 되었기 때문이다. 게다가 최근 몇 년 전부터는 주요 대학들의 자연대, 공대 대학원 과정이 모집 정원에 미달되는 등, 국내 이공계 대학원이 큰 위기를 맞는 더욱 심각한 국면에 접어들고 있다.

이공계 기피 현상을 비롯한 과학기술계의 위기 상황을 극복하고자 현장의 과학기술인들이 중심이 되어 지난 2002년 초에 결성된 한국과학기술인연합(www.scieng.net, SCIENG)은 과학기술인들의 권익 향상과 함께 합리적인 정책 대안을 제시하고자 노

과학기술계 위기 상황 극복을 위한 현장 과학기술인들의 모임.
한국과학기술인연합(SCIENG)의 과거 홈페이지(2005년)

력해왔으며, 나 역시 거의 초기부터 이 단체의 운영진으로 합류하여 활동해왔다. 그동안 정부 당국도 이공계 문제의 해결을 위해 나름 여러 대책들을 강구해왔으나, 대부분 근원적 해법과는 거리가 먼 미봉책에 그치거나 도리어 문제를 악화시키는 요인으로 작용하기도 하였다.

대표적인 경우가 이공계 비정규직 문제를 포함한 인력 정책이었다. 2000년대 초반부터 심화된 이공계 석박사급 연구개발 인력의 비정규직 확산은 이공계 위기와 경쟁력 약화를 가속화시켰던 주된 요인의 하나였다. 신분의 불안정성 등으로 인하여 연구개발 인력들이 연구개발 현장에서 이탈하거나, 우수 인재의 해외 유출을 부추겨왔기 때문이다. 물론 1990년대 말의 IMF 이후 우리 사회에 불어닥친 구조조정과 신자유주의의 물결로 다른 노동 분야에서도 비정규직은 확산되었지만, 과학기술계의 비정규직은 또 다른 특수성을 지니고 있었다.

즉 정부출연연구소들에서 실시된 이른바 PBS(Project Based System) 제도는 연구원들을 속된 표현으로 '앵벌이'로 전락시키면서 이공계 비정규직 인력을 크게 증가시켰다. 게다가 석박사급 고급 인력의 실업 문제 해소를 위하여 정부가 낮은 임금을 지급하면서 이들을 정부출연연구소에 묶어두는 이른바 '인력 저수조' 개념은 문제를 더욱 악화시켰다고 하겠다.

이에 한국과학기술인연합은 비정규직 문제에 대한 실질적 대안 마련을 위해 정부 당국과도 협력하면서, 국가과학기술자문회의가 의뢰한 '이공계 비정규직 실태조사와 문제 해결 방안에 관한 연구' 과제를 2004년 3월부터 8월까지 수행하였다. 내가 이 정책과제의 연구책임자로 일하였고, 한국과학기술인연합 운영진 다수가 공동 연구자로 참여하였다. 비정규직 실태 조사 등의 과정에서 한국과학기술인연합 회원들의 폭발적인 참여와 지지, 격려가 표출되어 나를 포함한 운영진들도 놀랄 정도였다.

이 과제를 통한 조사에 따르면 17개 정부출연연구소의 경우 전체 인력 중 불과 52%만이 정규직 인력이었으며 어떤 곳은 비정규직 비율이 70%를 넘었고, 더구나 직전 3년간의 신규 채용 인력 중에서는 무려 86%가 비정규직이라는 놀라운 결과를 얻었다. 또한 연구소에 따라 조금씩 사정이 다르기는 했지만 이공계 비정규직은 높은 비율뿐 아니라 임금 수준과 4대 보험 실시 여부에서 차별이 심했고, 비정규직의 정규직 전환 프로그램이 아예 없거나 정규직 채용 비율이 2~3%에 그치는 등 여러 심각한 문제들을 노정하고 있었다. 따라서 예상했던 대로 신규 인력의 대거 이직으로 고용 안정성이 극히 떨어졌고, 고급 인재의 해외 유출과 이공계 이탈에 커다란 요인으로 작용하였다.

2004년 8월 한국과학기술인연합은 국회 내의 과학기술연구단체였던 사이앤택 포럼과 공동으로 이공계 비정규직 문제에 관한 각계 각층의 의견을 수렴하는 공청회를 개최하였고, 이 문제는 국가과학기술자문회의와 청와대 정보과학기술보좌관을 거쳐 대통령에게도 보고되어 관련 대책 수립이 추진되었다. 이후 정부 관련 부처 및 대학과 연구기관, 정책기관 등을 포함하는 전문가 회의를 통하여 정부의 정책 대안이 구체화되면서, 비정규직 관리 구조의 개선과 차별 완화가 제도화되는 등 실질적인 변화를 이끌어내게 되었다.

이처럼 한국과학기술인연합의 이공계 비정규직 문제 조사연구 및 해결 방안 추진은, 비정규직 관련 문제 중에서도 정책의 사각지대에 놓여 있던 과학기술 연구개발인력의 비정규직 문제를 제대로 조명하고 정부의 대책 수립을 촉진했다는 점에서 과학기술 거버넌스의 면에서도 상당한 의미가 있었다 하겠다. 다만 문제 해결의 핵심 과제였던 이공계 비정규직 인력의 정규직 전환은 당초 참여정부 임기 내에 이루어질 것으로 기대되었으나 여러 사정으로 미뤄지다가, 지난 2018년 문재인 정부 초기에야 실현되기에 이르러 오래전의 정책 과제가 가까스로 마무리되었다고 하겠다.

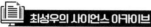

최성우의 사이언스 아카이브

'헐값 취업' 부추기는
이공계 대책

4월은 해마다 돌아오는 과학의 달이다. 올해도 일선 학교와 각급 기관 등 이곳저곳에 과학기술의 중요성을 강조하는 요란한 구호들이 내걸리고, 과학문화 확산 등을 위한 여러 이벤트와 행사들이 줄을 잇고 있다. 또한 4월 21일 과학의 날에는 과학기술 발전에 공로가 큰 과학기술인들에 대한 각종 상훈과 표창 등이 어김없이 수여될 것이다.

그럼에도 불구하고 대다수 현장 과학기술인들은 여전히 답답하고 착잡한 느낌을 지울 수가 없다. 청소년들의 이공계 기피 현상을 비롯한 심각한 이공계 문제들이 거론되고, 과학기술계 전반의 위기 상황에 대한 우려가 제기된 지 벌써 몇 년이 됐건만, 문제의 개선이나 해결의 기미는 도무지 보이지 않고 도리어 갈수록 악화돼가는 듯이 보이기 때문이다.

물론, 작금의 이공계 문제가 단순히 과학기술인들에게만 국한된 게 아니라 앞으로 국가경쟁력의 약화 등으로 이어져 나라의 장래를 위협할 수 있는 심각한 사안이라는 데에는 크게 이론이 없다. 따라서 반드시 해결해야만 한다는 데에 사회적 공감대가 어느 정도 형성된 것은 그나마 다행스러운 일이다. 또한 정부 각 부처나 정치권 등에서도 관심을 가지고 나름대로 여러 방안을 논의하고 각종 대책들을 내놓은 바 있다.

그러나 지금까지 내놓은 대부분의 대책들이 문제의 근원을 효과적으로 치유하기보다는 임시방편적인 미봉책에 그치거나, 일과성의 이벤트 혹은 실적 과시형 대책들에 치우쳐온 것은 실망스럽기 그지 없다. 이공계 신입생에 대한 장학금 혜택이나 유학 지원 등, 이공계로 학생들을 끌어들이기에 급급했던 그간의 각종 대책들은 효과도 미미하고 문제 해결에 별로 도움을 주지 못했을 뿐만 아니라, 국가 예산만 허비했다는 것이 여러 전문가들의 지적이다.

연초에 정부에서 내놓은 이공계 석·박사 미취업자들을 위한 대책 역시 마찬가지다. 중소기업에 취업하는 석·박사 인력들에게 정부가 인건비를 일부 지원하고, 대학이나 정부 출연 연구기관에의 비정규직 취업을 확대, 지원하겠다는 것이 주요 골자이다.

언뜻 보면 취업난에 시달리는 석·박사급 신진 과학기술인들을 돕기 위한 대책으로 보이지만, 도리어 이공계 고급 인력을 대거 저임금의 비정규직에 묶어두는 구조를 고착화함으로써 장기적으로는 이공계 인력 공급 시스템을 왜곡시키고 위기를 부추길 가능성이 크다.

더욱이 박사급의 고급 인력이라도 대학이나 정부 출연 연구소 비정규직의 경우 연봉 1,800만 원, 중소기업 취업의 경우 연봉 2,800만 원이라는 '공정 가격'을 정부가 제시한 것은, 다른 곳에서도 이공계 인력들을 지속적으로 헐값에 묶어둘 수 있는 근거를 만들어준 것에 다름 아니다.

물론 구조적으로 얽혀 있는 작금의 이공계 문제가, 정부의 대책만으로 완벽하게 해결될 것이라고 기대되지는 않는다. 특히, 연구·개발 인력들을 능력과 성과에 걸맞게 정당한 대우를 하기보다는 소모품처럼 취급하는 기업체, 그 밖에도 과학기술인 또는 이공계 출신들을 '마이너'로 간주하는 사회적 풍토 등 우리 사회 각계 각층에서 개선의 노력을 기울여야 할 것들이 적지 않다. 하지만 그럴수록 더욱, 정부는 '할 수 있고 꼭 해야 할 일들'과 '할 필요가 없거나 해서는 안 될 일들'을 명확히 구분하여, 유효한 대응책들을 집중하는 것이 대단히 중요하다.

앞에서 예로 든 이공계 고급 인력의 취업 문제만 하더라도 인위적인 미봉책을 동원하여 비정규직을 양산하는 방향으로 구조를 왜곡시키기보다는, 적은 수일지라도 정규직 일자리를 늘리고 전반적인 시스템을 개선하여 신진 인력들에게 적절한 기회를 제공하는 것이 훨씬 나을 것이다.

　　또한 기술평가, 컨설팅 등을 포함한 과학기술 관련 서비스업이나 지식 기반의 3차 산업 등 고도 지식산업 시대에 걸맞은 새로운 산업을 창출하는 일은, 단순한 '공공근로' 식의 소모적인 일자리 제공이 아니라 국가경쟁력 강화에도 도움이 되는 생산적인 일자리 창출이라는 점에서 효과적인 대안의 하나로서 적극 검토해볼 만하다고 생각한다.

　　요컨대, 이공계 문제에 대한 앞으로의 정부 대책들은, 별 도움이 안 되는 미봉책을 남발하여 귀중한 국가 예산만 엉뚱하게 낭비하는 우를 되풀이할 게 아니라, 전체적인 시스템을 개선하여 보다 효과적이며 근본적인 해결에 역점을 두는 방향으로 나아가야 할 것이다.

－ 2004년 4월 17일 《문화일보》게재 저자 칼럼

이공계 대체복무제의
의미 및 개선 과정

분단국가인 우리나라에서 병역 관련 문제는 늘 중요하면서도 민감한 문제가 될 수밖에 없다. 장관 등 고위공직자나 유력 정치인의 병역의무 수행 여부는 언론과 대중의 관심을 모으곤 한다. 꽤 오래전에 병역의무 수행을 공언했다가 외국 시민권을 얻어 도피하다시피 했던 어느 인기 연예인은, 대중의 거센 비난을 받으면서 20년이 지난 지금까지도 국내에 들어와 활동하지 못하고 있다.

그러나 나라를 위해서 중요한 일을 하는 직군 또는 국위를 선양한 젊은이들에 대해서는 군복무를 다른 것으로 대신하거나 혜택을 주는 것이 당연하다고 여기기도 한다. 올림픽이나 월드컵 등 주요 세계대회에서 메달을 따거나 우수한 성적을 거둔 선수에게는 병역 특례가 적용되어왔고, 최근에는 세계적 스타로 인기를 모은 방탄소년단(BTS)에게도 병역에서 혜택을 주어야 한다는 여론이 높다.

의사의 경우 군에서 복무하는 군의관이 될 수도 있지만, 3년 동안 농어촌 등 보건의료 취약지구에서 근무하는 공중보건의사로서 병역의무를 대신하는 경우가 매우 많다. 이른바 과학기술계의 병역 특례, 즉 이공계 대체복무제란 의사의 공중보건의 제도와 유사하게, 과학기술인이 정부가 지정한 연구기관, 기간산업체, 방위산업체에서 일정 기간을 의무종사하면 병역을 마친 것으로 보는 대체복무제이다. 국가 발전에 필요한 기술인력의 양성과 지원을 위하여 마련된 것인데, 산업기능요원 제도와 전문연구요원 제도의 두 가지가 있다.

산업기능요원 제도는 기술 자격이나 기술 면허를 가진 청년이 산업체, 특히 중소제조업체 등에 주로 근무하도록 하는 대체복무제이며, 전문연구요원 제도는 이공계 석사 이상의 학위 취득자를 대상으로 정부 산하 또는 민간의 지정된 연구기관에 근무하도록 하는 것이다.

이 두 제도는 이공계의 우수한 기능인력과 연구인력 개개인에게는 자신의 역량을 현역 복무로 인한 공백 기간 없이 지속적으로 계발, 발휘할 기회를 부여하고, 이들을 활용하는 기업이나 연구기관에게는 우수한 인적자원이 안정적으로 확보되도록 도

모하였다. 즉 전문 인력의 활용도를 높이고 우수한 인적자원의 이공계열 진학을 유도하는 취지로 마련된 이공계 대체복무제도는 그동안 국가 경쟁력 확보에도 상당한 도움이 되어왔다.

그러나 이 두 제도는 이후 좋은 취지와는 달리 파행적으로 운영이 되면서 소기의 목적을 거두지 못하고 오히려 악영향을 끼치는 경우도 적지 않았다. 특히 전문연구요원은 1973년에 처음 도입될 때부터 의무복무기간이 5년으로서 산업기능요원의 의무복무기간 3년보다 너무 길었을 뿐 아니라, 두 제도 모두 운영상의 여러 문제점을 노정하였다. 즉 의무복무자의 신분상의 제약을 악용하여 불합리한 처우를 강요한다든가, 본연의 연구개발이나 기술 업무가 아닌 사무직, 영업직으로 투입되는 경우마저 자주 있었다. 더구나 현역병 복무는 지속적으로 복무기간이 단축되는 등 그동안 여러 개선이 이루어졌으나, 이공계 대체복무제도, 특히 전문연구요원 제도는 근 30년간 의무복무기간도 전혀 줄지 않는 등 제도상의 개선이 거의 이루어지지 않았다.

이에 따라 청소년의 이공계 기피 현상이 심화되고 과학기술계 위기가 고조되었던 2002년 이후, 현장 과학기술인의 단체인 한국과학기술인연합(SCIENG) 등을 중심으로 이공계 대체복무제를 개선해야 한다는 목소리가 높아지게 되었다. 원래의 취지였던 과학기술계의 발전과 국가경쟁력 강화에도 그다지 기여하지 못할 뿐 아니라, 복무 대상인 청년 과학기술인 개인에게도 별 도움이 되지 않고 도리어 이공계 기피와 해외 탈출을 부추기는 악재로서 작용한다는 것이었다.

정부의 관련 부서나 정책연구기관에서도 이공계 대체복무제제도 개선의 필요성을 인식하고 논의가 이루어지면서, 2003년 과학기술정책연구원(STEPI)은 한국과학기술인연합에 의뢰하여 '이공계 대체복무제도의 개선방안에 관한 연구'를 수행하도록 하였다. 내가 당시에 단체를 대표하여 그 정책과제의 책임자를 맡았으나, 나보다는 한국과학기술인연합의 다른 젊은 운영진들이 더 많은 수고를 하면서 실질적인 조사와 연구를 진행하였고, 복무 대상인 청년 과학기술인들의 생생한 의견을 청취하여 다양한 대안을 제시하였다.

이 과정에서 2003년 10월 전문연구요원의 의무복무기간이 5년에서 4년으로 단축되었고, 이후 한국과학기술인연합의 연구과제 수행 결과로 나온 보고서는 정부의 추가 제도 개선에 큰 영향을 끼쳤다. 국가과학기술자문회의와 청와대 정보과학기술보좌관실이 국방부를 비롯한 정부 관계 부처들과의 긴밀한 협의를 추진하였고, 이러한 논의 과정에 나를 비롯한 한국과학기술인연합의 운영진들도 적극 참여하였다. 특히 2003년 12월 청와대에서 정보과학기술보좌관과 국방부 장관이 배석한 자리에서, 이공계 대학 학장들과 한국과학기술인연합의 박상욱 운영위원(현 서울대 과학학과 교수)이 대통령을 면담하여 전문연구요원의 복무기간 추가 단축과 제도 개선을 공동 건의하기도 하였다.

이듬해인 2004년에 과학기술인, 국방부, 산업계 사이에서 지속적인 논의가 이루어진 결과, 전문연구요원의 4년 복무기간은 다시 3년으로 단축되었으며, 예술과 체육 특기자와 동등하게 과학영재에 대해서도 병역특례를 부여하기로 하는 등의 추가적인 제도 개선이 이루어졌다. 현재에도 시행되는 전문연구요원 3년의 복무기간은 산업기능요원과 같게 된 것으로, 물론 현역병 복무기간보다는 길지만 대체복무제의 의미를 충분히 살릴 수 있는 것이었다. 또한 복무기간 단축뿐 아니라 다른 불합리한 요소들도 살펴서 대안을 제시하고 결국 개선을 끌어낸 것은, 과학기술인의 과학기술정책 참여 중에서도 나름 중요한 성공 사례라고 할 수 있다.

이공계 대체복무제도의 계기가 된
모즐리의 전사

이공계 대체복무제도는 우리나라를 비롯해서 징병제를 채택하고 있는 상당수의 국가에서, 과학기술계 인재들에게 병역의무를 대신하여 연구기관 또는 산업체 등에 종사하도록 하는 제도이다. 이 제도의 기원은 뜻밖에도 20세기 초반에 노벨상 수상이 유력시되던 젊은 물리학자의 안타까운 죽음에서 비롯되었는데, 이에 대해 알아보는 것도 의미가 있을 듯하다.

제1차 세계대전에 참전하여 전사한 모즐리

영국의 과학자 헨리 모즐리(Henry Moseley, 18873~1915)는 옥스퍼드대학의 트리니티칼리지를 졸업하고 러더퍼드(Ernest Rutherford, 1871~1937)의 지도 아래 X선에 관한 연구 등을 하였다. 모즐리의 스승인 러더퍼드는 방사선에 관한 연구로 1908년도 노벨화학상을 받았고, 원자핵의 존재를 발견하여 원자핵물리학의 새로운 장을 연 인물이기도 하다.

모즐리는 라우에(Laue)의 X선 산란실험 등에 관심을 가지고 여러 원소의 특성 X선 스펙트럼을 연구한 결과, X선 파장과 원자번호 사이의 일정한 관계, 즉 파장의 제곱근이 원자번호에 반비례한다는 사실을 발견하게 되었다. 이것이 바로 '모즐리의 법칙'이라 불리는 것으로서, 원자 구조론 및 원자핵물리학 등 관련 분야의 발전에 커다란 공헌을 하였다.

모즐리의 발견은 바로 원소의 화학적 성격을 결정하는 것은 원자량이 아니라 원자번호, 즉 양성자의 개수로 표현되는 원자핵의 전하임을 실험적으로 밝혀낸 것이다. 따라서 모즐리의 법칙을 기반으로 하면 원소들의 정확한 원자번호를 결정할 수 있을 뿐 아니라, 원소주기율표상의 미발견 원소들을 확인하고 예측할 수 있게 되었다.

그런데 모즐리가 한창 중요한 연구성과를 내고 있을 무렵 제1차 세계대전이 발발하였다. 이로 인하여 그는 연구에 지장을 받았을 뿐 아니라, 결국에는 목숨마저 잃게 되었다. 모즐리는 오스트리아에서 학회에 참석한 후 연구실로 돌아가지 않고 바로 지원 입대하였는데, 1915년의 갈리폴리(Gallipoli) 상륙작전에도 참전하게 되었다.

갈리폴리 전투는 영국 등의 연합군이 독일과 동맹을 맺고 있던 터키를 통과하여 러시아와 연락을 취하려고 갈리폴리 반도 상륙을 감행한 전투이다. 몇 차례에 걸쳐 진행되었던 이 전투는 결국 연합군의 패퇴로 끝났지만, 양측 모두 엄청난 사망자를 낸 1차대전, 아니 인류 전쟁 사상 최악의 전투로도 잘 알려져 있다.

이 전투의 실패로 당시 영국의 해군장관이었던 처칠(Winston Churchill,

1874~1965)은 자리에서 물러났고, 터키군을 잘 지휘하여 전투를 승리로 이끈 무스타파 케말(Mustafa Kemal, 1881~1938)은 국민적 영웅으로 떠올라 나중에 터키의 초대 대통령까지 될 수 있었다.

갈리폴리 전투에 통신병으로 참전했던 모즐리는 터키군 저격병의 총격을 받고 결국 27세의 젊은 나이로 전사하고 말았다. 이미 많은 성과를 낸 전도유망한 물리학자의 죽음은 영국뿐 아니라 세계 과학계에도 커다란 손실일 수밖에 없었다. 모즐리가 만약 그 당시에 전사하지 않았더라면 이후 노벨물리학상의 수상은 거의 확실하였을 것이다.

모즐리의 참전을 간곡히 만류했던 스승 러더퍼드는 큰 충격과 슬픔에 빠졌지만, 이와 같은 일이 반복되어서는 안 되겠다는 생각에 이후 영국 의회 등에 편지를 보내고 여러 활동을 하였다. 즉 아까운 과학 인재들이 전쟁터에 나가 싸우는 것보다는, 대학이나 연구소 등지에서 과학 연구를 계속하는 것이 나라에 더욱 큰 도움이 된다는 것을 호소하고 설득하였던 것이다.

결국, 영국 의회와 정부가 러더퍼드의 제안을 받아들였고 이후 다른 나라들에도 퍼지게 되었는데, 이것이 바로 오늘날 우리나라에서도 시행되고 있는 과학기술자 병역특례, 즉 이공계 대체복무제도의 기원이다. 다소 거론하기 거북한 사례일 수도 있겠지만, 일본은 제2차 세계대전 당시 젊은 과학기술 인재들을 최대한 보호하였고, 패망 직전까지도 이들을 전장에 내보내기보다는 가급적 연구개발에 매진하도록 한 사실은 잘 알려져 있다.

다시 논란이 되는
이공계 대체복무제

오래전에 전문연구요원의 복무기간 단축 등 제도 개선이 이루어진 이공계 대체복무제도는 그후 별 탈 없이 잘 운영되어 과학기술인의 연구역량 유지 및 국가경쟁력 강화에 계속 기여할 것으로 기대되었다. 그러나 이후 우리 사회의 심각한 저출산 경향 등에 따른 병역자원의 감소라는 새로운 국면에 부딪히게 되자, 그간 국방부는 이공계 대체복무제의 폐지 또는 대폭적인 감축 방침을 여러 차례 밝히면서 다시 논란이 되어왔다.

박근혜 정부 당시인 지난 2016년 5월, 국방부의 '산업분야 대체복무 배정 인원 추진 계획안' 관련 기사가 언론에 보도된 바 있다. 이 계획안에 따르면 전문연구요원과 산업기능요원의 선발 인원을 매년 단계적으로 줄여서, 박사 과정에 대한 전문연구요원 모집은 2019년에, 연구기관과 산업체에 근무하는 전문연구요원 및 산업기능요원 모집은 2023년에 전면 폐지된다는 것이었다. 이에 대해 전국 이공계 대학생들이 반대서명운동에 나서는 등 크게 반발하고 과학기술계와 산업계 전반에서 큰 우려를 표하는가 하면, 또한 역대 어느 국회보다 많이 배출되었던 과학기술계 출신 20대 국회의원 당선자들도 여야를 가리지 않고 반대하는 입장을 표명하였다. 미래창조과학부를 비롯한 연구개발 관련 부처 역시 이공계 대체복무제도 폐지가 우리나라의 과학기술 역량에 큰 타격을 줄 수 있다고 반대하면서, 결국 국방부의 계획안은 정부의 방안으로 확정되지 못하였다.

문재인 정부가 들어선 이후인 2019년, 국방부는 또다시 병역자원의 감소 및 군 복무의 형평성을 들어서 전문연구요원의 단계적 감축 등, 즉 이공계 대체복무제도를 대폭 축소할 계획이라고 밝혔다. 역시 과학기술정보통신부, 교육부, 산업통상자원부 등 관련 정부 부처들과 충분한 협의를 거치지 않은 것으로 알려졌는데, 여러 이공계 대학원 총학생회 및 교수협의회에서 반대성명을 내면서 대체복무제도 축소 계획의 철회를 촉구하였다. 이들은 "현역병 입영 인원의 1% 남짓에 불과한 고작 2,500명의 사병을 더 확보하는 것이 병역자원 감소에 대한 해결책이 될 수 없으며, 전문연구요원의 감축은 여전히 부족한 고급 과학기술인재의 해외 유출을 가속화시키는 등 국내 이공계 대학원의 역량 저하와 붕괴로 이어질 것"이라고 주장하였다. 과학기술 단체들과 산업계 단체들도 성명을 내고 과학기술인력 확보에 큰 지장을 주고 국가경쟁력 약화를 초래할 것이라 우려하면서, 그동안 과학기술과 산업 발전에 커다란 공헌을 해온 대체복무제에 대해 현장의 목소리를 충분히 경청할 것을 주장하였다.

사실 국방부는 오래전인 참여정부 시절에도 대체복무제 중에서 산업기능요원 제도의 폐지를 한때 검토한 바 있다. 당시에도 물론 형평성 문제 및 충분한 병역자원의 확보라는 명분을 내세웠는데, 국방부의 논리는 20년 전이나 지금이나 거의 달라지지 않은 것으로 보인다. 이에 대해 과학기술계 등에서는 현대에서 국방력은 직접적인 군사력뿐 아니라 경제력과 과학기술력을 포함한 총체적 국력으로 결정이 되는데, 국방부는 군인의 수에만 집착하는 구시대적 사고에서 벗어나지 못하고 있다고 비판한다.

다른 분야와의 형평성은 물론 쉽지 않은 문제이며, 특히 '공정'을 중시하는 오늘날의 청년들에게는 민감한 문제일 수도 있다. 그러나 전방에서 총을 들고 복무하는 것만이 병역의무를 다하는 것은 아니며, 대체복무요원으로서 연구와 기술개발에 몰두하는 것 자체가 특혜가 아닌 곧 국가경쟁력을 높이면서 또 다른 국방 임무를 수행하는 것이니, 마치 특혜를 주는 듯 오해의 소지가 있는 '병역특례'라는 용어 사용 자체에 문제가 있다고 지적하는 이들도 있다.

나를 포함한 한국과학기술인연합의 운영진들이 오래전에 냈던 정책 과제 '이공계 대체복무제도의 개선방안에 관한 연구' 보고서의 결론 부분에서, 새로운 형태의 대체복무제로서 과학기술사관제도 및 전자군복무제를 제안한 바 있다.

우리의 상황에서 아직 시기상조라는 비판도 있지만 향후 단계적인 모병제로의 전환을 모색하면서, 병역자원의 감소라는 피하기 어려운 문제에 대해 보다 적극적이고 근본적 해결책을 찾아야 한다는 주장도 있다. 과학기술력이 곧 국방력의 원천이기도 한 오늘날, 향후 병역제도의 개선과 더불어 이공계 대체복무제에 관해 보다 현명하고 합리적인 결론이 도출되기를 기대한다.

PART 8

과학기술 행정체계와
거버넌스

이공계 공직 진출 확대의 의미와 추진 과정

좀 생뚱맞은 얘기일 수도 있겠지만 나는 이공계 공직에 관해 생각할 때마다 장영실을 먼저 떠올리곤 한다. 조선 세종 시대에 노비 출신임에도 불구하고 우리 역사상 최고의 과학기술자 반열에 올랐던 장영실은 대호군이라는 높은 벼슬도 지녔으나, 그가 감독하였던 왕의 가마가 부서지는 바람에 관직에서 파면되고 곤장형을 받았다고 기록되어 있다. 이후에 대해서는 전혀 알려진 바가 없고 장영실의 생몰년대조차 정확하지 않다. 이에 대해서 일부 소설과 영화에서는 그가 조선과 명나라 간의 외교적 문제의 희생양이었다고 그럴듯하게 묘사하기도 하는데, 이는 문학적 상상력일 뿐 실제일 가능성은 거의 없다.

현행 5만 원권 지폐가 나오기 전에 새로 발행할 고액권 화폐에 장영실을 모델 인물로 넣어야 한다는 주장이 과학기술계 일 각에서 제기된 적이 있고 지금도 그렇게 말하는 이들이 있는 것으로 알고 있다. 그러나 나는 이런 주장에 거의 공감이 가지 않는다. 장영실의 표준 영정도 없을뿐더러, 외람된 얘기지만 이분이야말로 "우리 사회에서 이공계 출신은 제아무리 잘나가봐야 결국은 비참하게 '팽' 당하고 만다"는 뼈아픈 교훈을 오래전에 입증하신 경우가 아닌가 싶다.

조선 봉건시대도 아니고 현대시대에도 과학기술인은 오랫동안 우리나라에서, 특히 공직 사회와 이른바 사회지도층 사이에서 주류로 인정받지 못하고 '마이너'로 여겨져왔다. 과거보다 나아졌는지 알 수는 없지만, 국회의원 등 정치인, 고위공무원, 언론인에서 이공계 출신은 여전히 그 수가 매우 적은 편이다.

특히 예전에 공직사회에 진입하는 관문인 국가고시가 행정고시와 기술고시로 나뉘어 있던 시절에, 기술고시 출신 고위공직자는 정말 가뭄에 콩나듯 드물었다. 여러 이유가 있겠지만 무엇보다도 행정고시 출신에 비해 기술고시 출신은 직군과 직렬에 따라 진출할 수 있는 고위직군이 크게 제한되었기 때문이다. 예를 들어 통계학 박사 학위를 지닌 전문성에다 탁월한 행정 능력까지 갖춘 인재일지라도 기술고시 출신이면 직군·직렬의 벽에 가로막혀 통계청장이 되는 것이 불가능하였다. 그런데 놀랍게도 무학력일지라도 행정직으로 채용되면 원칙적으로는 거의 모든 직위로 승진하는 것이 가능했다.

물론 극단적인 예일 것이고 특별히 학력을 중시하자는 의도는 결코 아니다. 다만 예전의 제도가 대단히 잘못돼 있었다는 것은 너무나 명확하다. 이런 지경이었으니 기술고시는 조선시대의 과거제도에 비유하자면 진사과, 명경과와는 격이 다른, 천한 중인이나 보는 '잡과'에 다름이 없었다고 해도 과언이 아니다.

21세기 과학기술의 시대를 맞이하여, 정부 행정과 국가 정책 결정 과정에서 과학기술적 전문성을 갖춘 인력이 더 많이 필요하고 그 중요성이 점증하고 있다는 데에는 크게 이론의 여지가 없을 것이다. 따라서 이공계 공직 진출 확대는 '과학기술 중심사회 구축'을 표방했던 참여정부 초기의 대표적인 역점 정책으로 추진되었고, 노무현 대통령의 후보 시절에 내세웠던 공약 사항과도 관계가 깊었다. 물론 그 이전인 2002년부터 국가과학기술위원회 및 한국정책학회 등에서 과학기술 전공자의 공직 진출 기회 확대 추진책이 논의되고 구체적인 방안이 연구되기도 하였다.

노무현 대통령은 2003년 4월 21일 과학의 날 기념식에서 이공계 전공자의 공직 진출 확대를 천명하였고, 관계 부처들의 협의 및 공청회 등을 거쳐 결국 2003년 8월 국가과학기술위원회에서 방안을 확정하게 되었다. 주요 골자는 나뉘어 있던 행정고시와 기술고시를 행정기술고시로 통합하고, 기술직의 채용인원을 확대하며 임용 및 정책결정직위 보임을 늘리도록 개선하는 것이었다. 또한 몇 년 후까지 고위공직자 중 이공계 출신이 일정 비율 이상이 되도록 순차적으로 늘려가면서 해마다 점검을 한다는 방안도 포함되어 있었다.

이와 같은 이공계 공직 진출 확대는 과학기술인들을 특별히 '우대'하기 위한 방안이 결코 아니라, 도리어 그간 이공계 공직자들에게 채워져왔던 온갖 족쇄와 불합리한 차별을 개선하고, 공정하게 경쟁할 수 있는 최소한의 합리적인 룰을 제공하기 위한 것에 다름 아니었다. 그럼에도 불구하고 인문사회계 및 기존 행정직 공무원 등의 반발을 피할 수 없었다.

한 언론인이 '빗나간 이공계 사랑'이라는 비판적인 칼럼을 냈는가 하면, 행정고시 출신의 전직 과학기술부 차관 Y 씨는 이에 맞장구치면서 "이공계가 정열을 쏟아야 할 곳은 관청이 아니라 생산 현장이나 연구소, 대학의 실험실 등이다. 과학기술에 대한 비전도 철학도 없는 이공계인을 입신출세시켜주는 것은 위험천만하다"면서 과학기술인들을 노골적으로 폄하하는 주장을 해댔다. 나 역시 그냥 묵과하기 어려워서, 이들의 왜곡된 주장을 조목조목 반박하는 신문칼럼을 써서 냈다.

나를 포함한 한국과학기술인연합의 회원과 운영진들 또한 설득력 있는 대국민 여론을 형성하도록 하고 정부 관련 회의에 적극 참석하는 등, 이공계 공직 진출 확대의 추진에 혼신의 노력을 기울였다. 그런데 누구보다도 이전부터 이공계 공직 진출 확대에 관한 강한 소신을 지녔고 당시 참여정부 초대 청와대 정보과학기술보좌관으로 일했던 김태유 보좌관(현 서울대 명예교수)의 강력한 의지와 추진력이 가장 크게 작용했을 것으로 생각한다. 그리고 대통령직 인수위 시절부터 현황 파악 및 구체적 방안 마련에 노력해왔던 당시 과학기술부 이만기 기초과학인력국장의 공헌도 컸다고 여겨진다.

이공계
공직 진출 확대

　최근 이공계 출신들의 공직 진출 확대 추진과 관련해 언론지상, 온라인 공간 등 여러 곳에서 많은 논의들이 활발히 진행되고 있다. 나라의 미래를 생각한다면 그동안 지나치다 싶을 정도로 홀대를 받아온 이공인들이 공직사회에 보다 많이 진출, 국가경쟁력을 높여야 한다는 데에는 대부분 찬성하는 듯하다. 그러나 원칙적으로는 공감함에도 불구하고 여러 이유와 우려들을 거론하면서 사실상으로 반대하는 주장들을 늘어놓는 경우도 자주 눈에 띈다. 물론 모든 사안에 이견이 없을 수는 없겠지만 이러한 반론이나 우려가 정확한 인식을 바탕으로 한 주장이라기보다는 상당수 오해에서 비롯되었거나 사실을 교묘히 왜곡하는 경우도 많다는 점은 분명 지적하지 않을 수 없다.

　그중의 하나가 "이공계 공직 진출 확대는 청소년 이공계 기피 현상의 해결책이 될 수 없다"는 것이다. 그러나 이공인들의 공직 진출 확대는 최근의 심각한 이공계 기피 현상을 단기적으로 해소하기 위한 방안으로만 논의, 추진된 것은 결코 아니다.

　더구나 '당근'을 제시하여 청소년들을 이공계로 유인하겠다는 예전의 미봉책과 같은 차원에서 바라볼 일은 더욱 아니다. 결국 이공계 공직 진출 확대가 청소년 이공계 기피 현상을 치유하는 해결책이 될 수 없으니 반대한다는 사람들은 스스로 잘못된 전제를 바탕으로 오도된 결론을 이끌어내고 있는 것에 다름 아니다.

　또한 "과학기술인들은 연구개발과 생산 현장에서 능력을 발휘해야지 공직으로 출세하는 것은 능사가 아니다"라는 얘기도 상당히 자주 들린다. 그러나 이는 현실을 왜곡한 주장이자 대단히 위험한 발상이 아닐 수 없다. 바로 연구개발의 현장과 과학기술을 제대로 이해하지 못하고 전문성이 부족한 행정관료들에 의해 과학기술 행정과 산업정책이 좌우되어왔으니 연구개발의 효율성이 크게 떨어지고 뛰어난 과학기술자들조차도 능력을 제대로 '발휘하지 못해' 오늘날과 같은 총체적인 이공계 위기가 온 것이 아닌가.

정작 대다수 과학기술인들은 공직을 맡는 것을 그다지 '출세'라고 생각하지 않는다. 그런 주장이야말로 공직을 출세의 길로만 생각하는 사람들이 저의를 드러낸 것이 아닌지 의심스러울 뿐이다. 마치 과거 권위주의 정권 시절의 "노동자들은 제품이나 잘 만들고 학생들은 공부나 하고 주부들은 집안살림이나 잘하라"라는 식의 훈시만큼이나 시대착오적으로 들린다면 지나친 비약일까.

그리고 이 건에 찬성하는 사람이든 반대하는 사람이든 국가지도층이 이공계 일색인 중국의 경우를 자주 인용하고 있으며 노무현 대통령의 관련 발언 역시 중국 방문 중에 이루어졌다는 데에서 주목을 끌고 있다. 어떤 이들은 "중국은 우리와는 체제가 다른 사회주의 국가의 특수성으로부터 비롯된 것일 뿐 우리가 참고하거나 본받아야 할 모델이 전혀 아니다"라고 강변하기도 한다. 물론 중국의 경우가 우리의 처지와 똑같지는 않겠지만 만약 그저 사회주의 나라였던 점에서만 그 원인을 찾는다면 과거 마오쩌둥의 좌파적 노선, 즉 훨씬 더 '사회주의적이었던' 시절에 수많은 과학기술자, 테크노크라트 들이 쫓겨나거나 핍박을 받고, 도리어 덩샤오핑 등의 거의 자본주의에 가까운 실용주의적 노선이 득세한 때에 과학기술자, 테크노크라트 들이 크게 우대받고 중용되었다는 사실은 어떻게 설명할 것인가. 중국의 지도부가 이공계 일색인 것은 단순히 사회주의 나라였기 때문인 것만은 결코 아니다. 도리어 거대한 인구를 거느린 후발 산업국으로서 그들 나름대로 시행착오를 거듭하면서 살길을 찾기 위한 불가피한 선택이었다는 점에 주목해야 할 것이다.

이공계 공직 진출 확대에 대해 별로 달갑지 않게 생각하는 사람들도 중국이 이공계 출신들을 중용할 수밖에 없었던 절박한 상황에 대해서는 크게 이견이 없는 듯하다.

이공계 공직 진출 확대는 지금 서둘러도 이미 많이 늦었다. 현 정권의 임기 내에 가시적인 성과가 있도록 실질적인 대책을 추진해주기 바란다. 이공계 공직 진출 확대는 '국민소득 2만 달러' 시대와 국가경쟁력 강화를 위한 필수불가결한 전제조건이자, 참여정부가 국정과제로 내건 과학기술 중심사회와 제2과학기술입국 구현의 실천 의지를 가늠하는 시금석이 될 것이다.

— 2003년 8월 20일 《전자신문》게재 저자 칼럼

다시 생각하는 이공계 고위공직의 현재적 의의와 중요성

참여정부 시절 대통령 자문 국가과학기술자문회의 제8기 자문위원, 그리고 4년에 걸쳐 과학기술부 평가위원으로 활동했던 나는, 정부 회의 때마다 이공계 공직 진출 관련 주제가 나오면 비교적 많은 얘기들을 하곤 했다. 한번은 회의가 끝난 후 과학기술부 국장님 한 분이 내게 따로 고맙다는 인사를 했던 기억도 있다. 그리고 이명박 정부 초기에 교육과학기술부 과학기술정책 민간협의회 위원으로 활동할 당시에도 교육과학기술부 제2차관(과학기술 담당)을 비롯한 정부 관계자와 함께한 회의 석상에서, 비록 이전 정부의 계획이었다 하더라도 이공계 공직 진출 확대와 같은 중요한 사안은 정파적 입장을 떠나서 계속 추진하고 실적을 점검해야 마땅하지 않느냐고 얘기하고 YTN 과학채널의 논평에서도 언급하였다. (직후에 정부에서도 이를 다시 중요하게 여기겠다는 보도가 나온 바 있다.)

참여정부 시절에는 고위공직자의 직급에 따른 매년 단계적인 이공계 공직자의 비율 목표가 정해져 있었다. 나는 양적인 수치적 목표도 중요하지만, 질적인 실질적 목표가 더욱 중요하다고 역설한 바 있다. 즉 고위직으로 갈수록 이공계 공직자의 비율이 턱없이 낮은 것도 큰 문제지만, 비교적 높은 직급이라 할지라도 시쳇말로 '힘없는' 외청에 대다수가 몰려 있고 정부 정책과 의사결정에 중요한 영향을 미치는 자리에는 가뭄에 콩나듯 한다면 소기의 목적을 달성하기가 매우 어렵게 되지 않겠느냐는 의미였다.

그리고 이공계 공직 진출 확대의 진정한 취지를 살리려면, 산업자원부·정보통신부·건설교통부(당시 부처 명칭) 등 업무 성격이 이공계와 관련이 깊은 부처들의 인사·예산·기획·정책의 직위에 이공계 공직자가 다수 진출하고, 또한 재정경제부·법무부·행정자치부 등 행정직의 독무대로만 여겨졌던 부처에도 이공계 출신들이 골고루 진출하는 것이 매우 중요하다고 힘주어 말하곤 하였다.

그즈음 중앙인사위에서 이공계 출신 박사 학위자나 기술사 자격증 소지자 등 우수 과학기술 전문인력을 수십 명씩 특별 채용하여 각 부처에 임용하겠다는 계획을 발표한 바 있는데, 이들이 제 역량을 발휘하고 정책가로서 제대로 뿌리를 내릴 수 있도록 함께 노력해야 할 것이라고 덧붙였다. 이공계 공직 진출 확대를 단순한 직역이기주의 차원에서 볼 문제가 결코 아니라 국가 경쟁력과 나라의 미래를 위해 반드시 필요한 일임을 분명히 인식하고, 사회 전반적으로 보다 대승적으로 이해해야 할 것이기 때문이다.

문재인 정부에 들어와서 이공계 고위공직자의 중요성을 일깨워준 사건이 표면화된 것만 해도 여러 차례 이상 있었다고 여겨진다. 2017년 여름 문재인 정부 초기에 각 부처 장관 등 주요 고위공직자들이 임용될 무렵 비과학적인 이론을 신봉하는 이가 중소벤처기업부 장관에 내정되는 등, 과학기술계가 받아들이기 어려운 인물들이 고위직에 올랐다가 결국 반발에 밀려 사퇴한 적이 있다. 만약 이들 인사를 담당하고 검증하는 대통령 비서실 관계자 중에 이공계 출신이 있었더라면, 또는 최소한 과학기술적 소양이 충분하거나 과학기술계의 분위기를 잘 알았더라면 그러한 인사 파동은 일어나지 않았을 것이라 생각한다.

2021년 가을에는 이른바 요소수 대란, 즉 화물트럭 등에 소요되는 요소수의 부족 사태로 인하여 나라 전체가 온통 시끌벅적하면서 위기 상황이 고조된 적이 있다. 요소수 사태는 정부에서 제대로 대처하지 못해 혼란을 키웠다고 대통령과 국무총리도 시인한 바 있다.

요소수 대란과 이공계 고위공직자가 매우 적은 것이 무슨 관련이 있느냐 반문할지도 모르겠지만, 중국 내 석탄 부족 문제의 여파로 인하여 이를 원료로 하는 요소의 수출에 발이 묶인 것은 우리나라에서 사태가 일어나기 꽤 오래전 일이었다. 국내 생산이 거의 없는 요소가 바닥나면 어떤 일이 벌어질지 충분히 예견하여 미리 대책을 강구할 수 있었음에도 불구하고, 골든타임을 몇 주씩이나 허송세월로 보낸 후에 물류대란이 가시화하고 이로 인한 경제적 위기마저 우려되는 상황을 맞이한 후에야 '호떡집에 불난 듯' 해결책을 찾아 난리법석을 피우게 된 것이다. 이런 문제는 일단 산업통상자원부가 가장 관련이 크겠지만, 수입선 다변화 등을 위해 외교적 노력도 필요할 것이므로 범부처적인 대처가 필수 사안이다. 즉 대통령 비서실에서 미리 실상을 파악하고 적극적으로 대응책을 마련했어야 한다는 의미이다.

그러나 "첨단기술, 부품도 아닌 요소수로 인하여 문제가 그렇게 커질 줄은 미처 몰랐다"거나 "요소수가 요소비료에 들어가는 것인 줄로 알았다"라는 등 한심하고 황당한 얘기가 나올 정도였으니, 어찌 이공계 고위공직자의 부족 문제 또는 청와대 담당 고위관계자의 이공계적 소양 문제와 관련이 없겠는가? 그래서인지 그 직후에 문재인 대통령은 경제수석비서관을 교체하면서, 예전의 관행대로 기획재정부 출신이 아닌 산업통상자원부 출신을 신임 경제수석으로 임명한 것이 그 사태의 수습과도 관련 있지 않겠느냐는 언론 보도가 있었다. 꼭 이공계 전공은 아니더라도 특허청장을 지낸 고위공직자로서 그 방면의 소양은 훨씬 나을 것이기 때문이다.

그보다 2년여 전인 2019년 여름, 일본 아베 정부가 우리의 반도체 산업에 큰 타격을 주려 포토레지스트, 불화수소 등 관련 핵심 소재의 수출금지 조치를 취했을 때에는, 요소수 사태 당시와는 전혀 다르게 범정부적으로 선제적으로 대처하고 소재 부품 국산화 등 여러 대안을 마련해서 도리어 전화위복의 기회가 된 바 있다. 나의 다소 무리한 선입견일지도 모르지만, 당시 가장 관련이 있던 직책으로서 문제 해결에 앞장섰던 청와대 경제보좌관과 과학기술정보통신부의 과학기술혁신본부장이 이공계 출신으로서 연구개발 등 오랜 현장 경험이 있었던 인사들이었기에 슬기롭게 사태를 수습하고 새로운 도약의 발판을 마련할 수 있었다고 생각한다.

최근 몇 년 동안 코로나19 사태에 대한 대응 과정에서 우리나라뿐 아니라 세계적인 방역 영웅으로 떠오른 정은경 질병관리청장 역시 행정관료 출신이 아닌 넓은 의미의 이공계, 즉 예방의학을 전공한 전문가였기에 뛰어난 식견을 바탕으로 탁월한 활약을 펼쳐서 국민적 신망을 받을 수 있지 않았나 싶다.

행정과 국정 전반에 걸쳐서 과학기술이 차지하는 비중과 중요성은 예전보다 훨씬 더 커졌고 앞으로도 가속화될 것이다. 특히 지구온난화와 탄소중립에 따른 에너지 전환 문제, 창궐하는 감염병에 대한 대응 등 쉽지 않은 과제들이 산적해 있는 오늘날, 과학기술에 관한 식견이 뛰어난 이공계 고위공직자들은 더욱 절실히 필요하다. 물론 고등학교에서도 문·이과 통합 교육이 추진되고 융합형 인재가 부각되는 오늘날, 꼭 기계적으로 이공계 전공 출신만을 고집하려는 것은 아니다. 그러나 과학기술의 시대에 고위공직을 담당할 이라면 과학기술에 대한 최소한의 소양과 식견만은 반드시 갖추어야 할 것이다.

역대 정부별 과학기술 행정체계의 변화 과정

오래전에 내가 정부의 과학기술 정책 자문 일 등을 활발히 하던 시절에, 나하고는 상당히 친분이 깊었고 뜻도 잘 통했던 과학기술부 고위공직자 한 분이 다음과 같은 말을 한 적이 있었다. "친정이 잘되어야 밖에 나가서도 대접을 받는 법입니다. 정부 부처 중에서 과학기술부는 우리 과학기술인들에게는 친정과도 같은 곳이니, 늘 관심을 가지고 성원해주시기 바랍니다." 그분뿐 아니라 상당수의 과학기술부 공무원들이 비슷한 생각을 하고 있었던 것으로 여겨졌다.

그런데 일선의 대다수 과학기술인들은 과연 과학기술부를 편안한 친정처럼 생각할까 하는 의문이 들기도 한다. 동분서주하면서 연구과제를 따내고 심사를 받으며, 때로는 관련 공무원이나 관리평가기관의 '갑질'에 시달리기도 하는 과학기술인 일부는, 과학기술부를 친정이 아닌 '온갖 간섭과 잔소리를 일삼는 시어머니, 또는 얄미운 시누이'로 생각할지도 모른다. 차라리 이럴 바엔 과학기술부가 아예 없는 것이 낫겠다는 심정이 드는 이들도 있을 것이다.

그런데 놀랍게도 외국, 더구나 선진국 중에도 우리의 과학기술부에 해당하는 정부 부처가 없는 경우도 실제로 있다. 물론 우리나라와는 행정체계가 전반적으로 상당히 다른 탓일 수 있다.

아무튼 명칭과 조직체계가 여러 차례 바뀌기는 했지만, 과학기술부(현행 과학기술정보통신부)는 오랫동안 우리나라 과학기술 행정에서 중추적 역할을 해왔다. 역대 정부별로 과학기술부, 나아가서는 과학기술 관련 행정조직들이 어떻게 변화하면서 오늘날에 이르렀는지 대략 알아볼 필요가 있다. 이는 꼭 정치인이나 행정가, 관련 학자에게만 해당되는 일이 아니라, 일선에서 연구개발에 몰두하고 있는 과학기술인들 또한 마땅히 관심을 가지고 살펴보는 것이 궁극적으로는 자신뿐 아니라 나라의 장래에도 도움이 될 듯싶다.

우리나라에서 과학기술을 관장하는 독립된 정부 부처로서 과학기술처가 생긴 것은 1967년이었다. 기존의 원자력국이 확대 개편되면서 과학기술처로 발족한 것인데, 해마다 과학기술인들이 모여 기념식을 하는 과학의 날 4월 21일이 바로 과학기술처가 출범한 날이다. 이후 1998년, 국민의 정부 출범과 함께 과학기술처는 과학기술부로 승격되었는데, 행정조직상 장관이 법규명령, 즉 상위 법령의 시행에 필요한 세부적 시행규칙을 부령(部令)으로서 발령할 수 있는가 여부에서 '처'와 '부'가 당연히 차이가 있다. 예전의 과학기술처 장관은 물론 장관급이었지만, 일부 '처'의 장은 장관급이 아닌 차관급이 맡는 경우도 있다.

참여정부 들어서 과학기술부를 포함한 과학기술 행정체계와 조직은 상당한 변화를 겪게 되었다. 먼저 참여정부 출범과 함께 청와대 즉 대통령 비서실에는 '정보과학기술보좌관'이라는 차관급의 대통령 참모 직위가 신설되었고, 이듬해에는 대통령 자문기구로서 국가과학기술자문회의(PACST)가 확대 개편되어 대통령이 의장을 맡고 위원 수도 기존의 10명에서 30명으로 대폭 늘었다. 이 과정에서 나 역시 과학기술 시민단체를 대표하여, 제8기 국가과학기술자문위원으로 위촉되어 활동했다.

그리고 2004년 초에 정부혁신 지방분권위원회가 내놓은 과학기술 행정체제 개편 방안에 대한 보고서를 바탕으로, 그해 10월 과학기술부 장관의 부총리 승격 및 과학기술혁신본부의 신설 등을 골자로 하는 큰 규모의 개편이 이루어졌다. 이는 개별부처 중심에서 국가혁신체제 중심으로 전환하여 국가 차원의 기획, 조정, 평가 기능을 강화하려는 취지에서, 부처 간의 통합 연계 시스템 및 유기적 네트워크를 구축하는 것을 목표로 하는 것이다.

그런데 이를 역으로 해석하자면 그동안은 과학기술부, 산업자원부, 정보통신부 등 연구개발 관련 부처들 간의 유기적 협조나 통합적인 조정 등이 잘 이루어지지 않았다는 것을 반증하는 것이기도 하다. 이로 인하여 부처마다 유사한 성격의 연구개발 사업들이 경쟁적으로 추진되는 등 중복 투자와 비효율의 문제점이 제기되곤 하였다.

물론 이보다 앞선 1999년 과학기술정책의 최고의사결정기구로서 대통령을 위원장으로 하는 국가과학기술위원회(NSTC)가 발족하여, 연구개발 관련 각 부처 장관들과 일부 민간위원들이 참여하여 국가 과학기술의 주요 정책과 계획을 수립, 조정하도록 하였다. 그러나 국가과학기술위원회는 상설 기구가 아닌 데다가 간사위원을 과학기술부 장관이 맡는다는 점이 범부처적 통합 조정에 도리어 걸림돌로 작용하기도 하였다. 즉 산업자원부나 정보통신부 등 연구개발 관련 경쟁 부서의 입장에서는 "선수와 심판은 따로 존재해야 하는데, 선수(과학기술부)가 심판의 역할까지 다 해서야 되겠는가?" 하는 항의와 반발이 나오게 된 것이다. 더구나 당시에 과학기술부는 산업자원부나 정보통신부에 비해 '덩치'가 작은 부서였으니 더욱 그럴 만한 상황이었다.

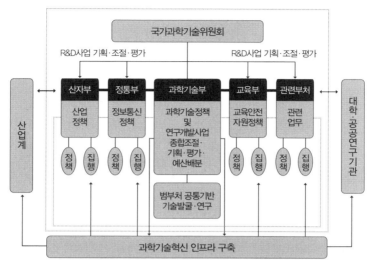

참여정부의 새로운 과학기술 행정체계
('혁신주체의 참여를 통한 과학기술 거버넌스 구축방안'에서)

　　따라서 범부처적 연구개발 통합조정을 위해 과학기술혁신본부를 신설하여 차관급인 혁신본부장이 국가과학기술위원회의 간사를 맡고, 과학기술부 장관을 부총리로 한 단계 승격시켜 국가과학기술위원회 부위원장을 겸하게 하는 등, 명실공히 국가연구개발의 컨트롤타워를 구축하려 한 것이다. 이처럼 새로운 과학기술 행정체계는 상당한 기대를 모으면서 국내외에서 주목을 받기도 하였으나, 이 또한 완벽한 것은 아니었다.

　　즉 과학기술혁신본부가 과학기술부 산하에 설치된 데다가, 과학기술부의 기존 연구개발(R&D) 집행기능은 다른 개별 부처로 이관하는 것이 원칙이었으나 기초 연구국, 원자력국 등 일부 조직과 기능이 남게 된 것이다. 따라서 과학기술부 장관(부총리) 산하에 기존의 차관과 혁신본부장이라는 2명의 차관(급)이 자리하게 되었는데, 이들 간의 관계 설정 역시 애매한 면이 없지 않았다.

그러나 2008년 이명박 정부가 출범하면서 또 한 번 커다란 개편이 이루어졌는데, 과학기술 관련 부처와 조직 들이 대거 통폐합 또는 해체되거나 축소되면서 한마디로 거의 '초토화' 수준에 이르게 되었다. 즉 과학기술부는 교육부에 흡수되어 교육과학기술부가 되었고, 정보통신부는 폐지되면서 소관 업무는 산업자원부에서 명칭이 바뀐 지식경제부와 방송통신위원회로 이관되었다.

이에 따라 중장기적 국가과학기술정책이 크게 흔들리고 위협받자 나는 신문칼럼 및 방송 논평을 통하여, 과학기술 행정과 정책을 총괄할 컨트롤타워만이라도 제대로 하기 위한 대안으로서 국가과학기술위원회를 상설화하여 과거 과학기술혁신본부의 기능을 수행하게 할 것을 주장하였다. 나뿐만 아니라 과학기술계 전반으로 그런 목소리가 높아지면서, 이후 국가과학기술위원회는 대통령 겸임이 아닌 별도의 위원장을 두는 상설의 중앙행정위원회로 다시 태어났다.

역대 정부별 국가과학기술 행정 및 조정체계의 변화
(출처: 「과학기술정책의 거버넌스 현황과 발전 방향」, 염한웅)

창조경제를 국정 모토로 내세우던 박근혜 정부에서는 미래
창조과학부가 설립되었는데, 이는 과거의 과학기술부와 정보통
신부 일부가 합쳐진 것이었다. 또한 국가과학기술위원회는 국무
총리 산하 국가과학기술심의회로 다시 바뀌고, 일부 업무는 미

래창조과학부로 이관했다.

문재인 정부 들어서는 미래창조과학부가 과학기술정보통신부로 이름이 바뀌고, 과거 참여정부 시절에 설치되었던 과학기술혁신본부와 청와대 과학기술보좌관이 부활했다. 또한 자문기구였던 국가과학기술자문회의와 심의기구였던 국가과학기술심의회가 통합되어, 최상위의 자문, 심의기구로서 국가과학기술자문회의가 재탄생하여 국가 과학기술정책 컨트롤타워를 강화하고 효율성을 높일 수 있도록 도모하였다.

최성우의 사이언스 아카이브

뒷전에 밀린
과학기술정책

새 정부 출범과 함께 교육과학기술부가 출범한 지 어느덧 1년이 지났다. 과학기술 행정체계 개편의 일환으로 볼 수 있겠지만, 사실상 과학기술부가 기존의 교육인적자원부에 통폐합되어 없어지는 것 아닌가 하는 과학기술계의 우려가 일찍부터 제기된 바 있다.

역시 예상했던 대로 이런 우려가 갈수록 현실화하고 있다. 온 국민의 최우선 관심사인 교육 문제와 관련된 현안에 파묻히다 보니, 과학기술 부문은 늘 뒷전으로 밀리는 모양새이다. 공대 학장을 지낸 이공계 출신의 초대 교육과학기술부 장관부터 교육문제에 관한 논란의 와중에서 불과 반년도 안 돼 쫓겨나듯 중도 하차했다.

정부조직 규모나 관련 행정체계는 정부의 철학과 정책에 따라 달라질 수 있으므로 일률적으로 평가하기는 힘들 수도 있다. 그러나 처음부터 구조조정 대상에 올랐던 여러 행정부처 중에서 천신만고 끝에 '문패'를 지킨 부처도 꽤 있건만, 유독 과학기술부와 정보통신부 등 과학기술 관련 부처가 예외 없이 다른 부처에 통폐합되거나 조직 축소를 피하지 못하였다.

더 큰 문제는 과학기술 행정부처 조직의 축소에만 그치지 않았다는 점이다. 청와대 역시 정보과학기술보좌관이 폐지되었고, 헌법 규정에 따라 설치된 대통령 자문기구인 국가과학기술자문회의마저 상설 사무처가 없어지고 교육 부문과 합쳐지면서 사실상 폐지된 것이나 다를 바가 없게 됐다. 행정부, 청와대, 자문기구 등에서 거의 전방위적으로 과학기술 관련 조직들이 대폭 축소, 약화된 것이다. 그 결과, 이 나라 과학기술의 미래에 대한 우려가 당초의 예상보다 더욱 깊어지고 있다.

가장 심각한 문제는 정부의 과학기술 행정과 정책을 총괄하는 '컨트롤타워'가 없는 것이다. 과학기술에 관한 범정부 차원의 관심과 중장기적 과학기술정책은 아예 실종된 상태라는 점이다. 이로 인하여 일선 과학기술 현장에서는 벌써부터 단기적인 성과에만 집착하는 연구개발 분위기에 대한 불만이 고조되는가 하면, 한편으로는 기초과학 연구에 대한 개념 자체 및 정책 추진에 혼선이 빚어지고 있다. 이른바 '국제 과학비즈니스 벨트'의 추진을 둘러싼 과학기술계와 정부의 인식 차이 및 논란은 하나의 예에 불과하다.

물론 대통령을 위원장으로 하는 최고 의사결정기구로서 국가과학기술위원회가 있기는 하다. 그러나 각 부처 장관급과 민간위원들이 고작 몇 달에 한 번 모여 회의하는 정도로 과학기술 컨트롤타워 역할을 수행하기는 대단히 어렵다. 청와대 교육문화수석실 산하의 과학기술 담당 비서관이나 비상임 과학특보 역시 제대로 된 역할을 기대하는 것은 무리일 것이다.

현 정부에서 과학기술부를 다시 독립시켜달라고 주장하고 싶지는 않다. 그러나 최소한 과학기술 행정 전반의 컨트롤타워 정립을 통한 범정부적 과학기술정책 추진만큼은 반드시 이루어져야 할 것이다.

이를 위한 대안으로 국가과학기술위원회를 상설기구로 만들어 과거 과학기술혁신본부가 수행했던 범정부 연구개발 조정 및 R&D 예산조정 기능을 담당하도록 하는 것이 바람직하다. 청와대에도 차관급 이상의 과학기술수석비서관이나 상임 과학기술보좌관을 신설, 대통령 보좌의 전문성을 강화하고 부처 간 업무조정 등을 효율적으로 추진하도록 하는 것 또한 중요하다.

그러나 무엇보다 절실한 것은 올바른 과학기술정책에 국가의 미래가 걸렸다는 사실을 이제라도 깨닫는 것이다. 대통령과 정부의 인식 전환을 간절히 바란다.

– 2009년 8월 16일 《한국일보》게재 저자 칼럼

과학기술 행정체계 개편의
향후 과제

문재인 정부의 과학기술 행정체계는 전반적으로 과거 참여정부 시절의 체계를 부활시킨 모양새였다. 다만 차이가 있다면 당시의 과학기술부와 정보통신부가 하나를 이룬 데다가, 과학기술정보통신부 장관이 부총리급이 아닌 정도이다. 이로 인하여 차관급이 본부장인 산하의 과학기술혁신본부가 과연 범부처적인 연구개발 조정 역할을 제대로 수행할 수 있겠는가 하는 의문이 제기되었고, 따라서 과학기술정보통신부 장관을 참여정부 시절처럼 부총리급으로 격상시키는 것이 바람직하다는 주장이 지속적으로 제기되었다.

참여정부 시절 부총리로 승격된 첫 과학기술부 장관이었던 오명 부총리 겸 장관은 부총리 체제를 나름 성공적으로 운영했다는 평가를 받기도 하였다. 그러나 경력과 연배가 다른 과학기술 관계부처 장관보다 높았던 오명 장관의 개인적 역량에 힘입은 면이 컸으며, 과학기술부총리 체제가 시스템적으로 정착되었다고 보기는 어렵다. 왜냐하면 부총리 체제 출범 직후 과학기술인들의 권익을 침해할 우려가 커서 속칭 '국가기술보안법'이라 불리던 법안 하나가 산업자원부에 의해 추진되었는데, 이러한 법제 역시 부총리 부서였던 과학기술부가 범부처적인 조정을 통하여 독소조항을 개선해야 했음에도 불구하고 실질적으로 거의 손을 쓰지 못했기 때문이다.

따라서 설령 과학기술부총리가 다시 등장한다고 해서 단순한 직급 승격만으로 문제가 해결되는 것은 아닐 것이며, 시스템적으로 뒷받침될 수 있어야 할 것이다. 또한 부총리 체제가 되면 다시 한 번 행정부처의 개편이 뒤따를 가능성이 큰데, 이와 관련하여 추진될 수 있는 여러 방안에 대해 일장일단을 면밀하게 검토해야 할 것이다. 나는 그다지 동의하지 않지만 교육 및 인적자원 개발이 과학기술 연구개발과 시너지 효과를 낼 수 있는 교육과학기술부 체제가 차라리 낫다는 견해도 있고, 여러 관련 부처가 하나로 뭉치는 '대(大)부처주의'의 장점을 주장하는 이들도 있다. 즉 과학기술혁신본부의 의미를 살리며 기능을 강화한다고 해도, 오래전부터 제기되었던 이른바 선수-심판론을 불식시키고 범부처적인 연구개발 통합조정을 완성하기에는 한계가 있지 않겠느냐는 지적이다.

그러나 공직자 사회의 전통이나 현실적인 상황도 충분히 고려해야 하는 만큼, 대부처주의는 소기의 목적과는 달리 전혀 엉뚱한 방향의 부작용을 낳을 우려가 있다는 견해도 있다. 또한 행정학자들은 정부 조직체계의 잦은 개편은 행정의 연속성과 안정성에 타격을 주고 혼란을 야기하므로, 가급적이면 기존의 큰 틀을 유지하는 것이 바람직하다고 주장하기도 한다.

과학기술부총리 체제와는 일견 상반될지도 모르지만, 과학기술정보통신부를 예전처럼 과학기술부와 정보통신부로 분리하자는 주장도 있었다. 장관이 중장기적인 과학기술 연구개발에 고심하기보다는, 정보통신 쪽의 일상적 행정 업무에만 너무 매몰되지 않느냐는 지적이었던 것이다. 미래창조과학부 이래로 과학기술정보통신부 장관이 정보통신 부문만을 대표하는 정체성을 지녔다고 보기는 어렵겠지만, 그동안 대부분 전공이나 경력이 ICT에 가까운 과학기술계 인사가 장관을 맡아왔던 것이 사실이다. 따라서 화학이나 생명과학 등을 전공한 유능한 인사가 장관이 되기 쉽지 않다는 문제도 있는 만큼, 이 역시 장단점을 잘 따져봐야 할 것이다.

언젠가 신임 과학기술정보통신부 장관에 대한 인사청문회에서, 저명 과학자 출신 국회의원이 "기획재정부로부터 연구개발 예산편성권을 빼앗아 올 자신이 있느냐?"고 질의한 적이 있다. 과학기술혁신본부가 기존의 연구개발 예산조정권이 아닌 '예산편성권'을 차지하는 것은 수많은 과학기술인과 관계 공직자의 숙원처럼 여겨져왔다. 예산편성의 상당 부분을 과학기술혁신본부에 위탁하기는 하였지만, 총액을 비롯한 중요한 대목 등은 여전히 기획재정부 산하의 연구개발예산과로부터 사실상 관리, 감독을 받아야 하기 때문이다.

연구개발 예산편성권의 주체를 누가 담당할 것인가 역시 새 정부의 과제가 될 듯한데, 연구개발 예산뿐 아니라 거의 모든 부문의 정부 예산은 기획재정부가 편성권을 지녀왔다. 따라서 이는 과학기술에만 국한되지 않는 큰 틀의 개편을 필요로 하는 일이다. 만약 과학기술혁신본부가 온전한 예산편성권을 지닐 수 있게 된다면, 각 부문별 연구개발 예산 편성과 배분을 포함하여 총체적인 과학기술 거버넌스가 훨씬 더 합리적으로 이루어져야 할 것이다. 그러지 못하면 도리어 부작용이 생기거나 과학기술혁신본부의 부담이 가중될 우려가 적지 않다.

마지막으로 과학기술 관련 부처의 조직개편이나 예산편성권보다 더욱 중요한 관건으로서, 정부 내에서 연구개발 행정과 혁신이 통합되지 못하고 따로 겉돌고 있으며, 국가의 미래 비전에 대해 장기적인 큰 그림을 담당하는 곳이 마땅치 않은 것이 더 큰 문제라고 지적하는 전문가도 있다. 이는 정부 행정체계 개편만으로 개선하기 쉽지 않을 수 있는데, 과학기술 관련 부처만이 아니라 기획재정부, 국무조정실이 함께 일종의 TFT 체계를 이루는 것이 바람직하지 않을까 싶다.

PART 9

법령과
제도의 개선

직무발명이란
무엇인가?

현대 과학기술의 시대를 맞이하여 기술혁신 경쟁이 갈수록 치열해지는 오늘날, 국내외를 막론하고 크고 작은 수많은 발명이 매일같이 쏟아져 나오고 있다. 그런데 이러한 발명은 과연 누구의 것인가? 일단 발명을 한 사람이 특허의 권리를 갖는다는 것은 어찌 보면 지극히 상식적인 일일 것이다. 우리나라와 외국의 특허법 및 특허제도에 관한 국제규약에서 대부분 발명자의 권리를 보장하고 있다.

예전에는 탁월한 재능을 지닌 개인 혹은 몇 명에 의해 중요한 발명이 이루어지는 경우가 많았다. 전화기를 발명한 알렉산더 그레이엄 벨(Alexander Graham Bell, 1847~1922)과 엘리샤 그레이(Elisha Gray, 1835~1901), 백열전구와 축음기, 영화 등 1,300가지가 넘는 발명 특허를 얻어 발명왕이라 불리는 토머스 에디슨

(Thomas A. Edison, 1847~1931) 등 19세기부터 20세기 초에 이르기까지, 역사에 이름을 떨친 개인 발명가들이 적지 않다.

그러나 현대시대에 이르러 과학기술이 더욱 발전하고 규모가 커지면서, 개인적 차원보다는 기업이나 연구소 혹은 국가가 거액의 비용과 수많은 인력을 투입하여 연구개발 및 발명을 이루는 것이 보편적 현상으로 자리 잡게 되었다. 1930년 후반에 캐러더스(Wallace Hume Carothers, 1896~1937) 등을 통하여 나일론의 발명을 성공시킨 듀폰(Du Pont) 사, 쇼클리(William Shockley, 1910~1989), 바딘(John Bardeen, 1908~1991), 브래튼(Walter Brattain, 1902~1987)의 삼총사가 1947년 무렵에 트랜지스터를 발명하였던 벨 연구소, 반도체 집적회로(IC)를 세계 최초로 개발한 텍사스인스트루먼트(TI) 사가 대표적이다. 이처럼 기업에 소속한 종업원 발명자에 의하여 발명이 이루어지는 경우를 '직무발명'이라고 한다.

물론 오늘날에도 개인 발명가들의 발명 활동이 없지는 않으나, 우리나라의 경우 직무발명의 비율이 80%를 넘긴 지가 오래되었고, 이웃 일본의 경우에는 전체의 97% 정도가 직무발명이라고 한다.

이와 같이 기업의 조직적인 연구개발을 통한 직무발명이 급증함에 따라, '발명은 누구의 것인가'라는 질문은 새로운 문제에 부딪히게 되었는데, 직무발명의 소유권이 자본과 시설을 제공한 사용자 측에 있는가, 아니면 아이디어를 내고 발명 행위를 완성한 종업원(발명자)에게 있는가에 따라 사용자주의와 발명자주의로 입장이 나뉘고 있다. 오늘날에 우리나라를 비롯한 일본, 독일, 미국이 직무발명의 소유권에 관하여 발명자주의를 채택하고 있다.

직무발명의 범위에 관하여는 "종업원, 법인의 임원 또는 공무원이 그 직무에 관하여 발명한 것이 성질상 사용자·법인 또는 국가나 지방자치단체의 업무 범위에 속하고 그 발명을 하게 된 행위가 종업원 등의 현재 또는 과거의 직무에 속하는 발명을 말한다"고 우리 법에서 명시하고 있다(발명진흥법 제2조). 현재 기업 등에서 직무발명이 이루어지는 경우, 발명자인 종업원은 출원과 더불어 '특허 받을 수 있는 권리'를 사용자 측에 양도하는 것이 대부분이며, 발명자는 그 대가로 보상을 받는 것이 일반적이다.

이러한 직무발명 보상의 성격은 법적으로 볼 때 권리를 사용자에게 양도하는 대신에 얻게 되는 청구권, 즉 채권의 일종으로서 사용자는 종업원에게 반드시 보상을 제공할 의무가 있다. 따라서 사용자가 종업원에게 제공하는 부가적인 편익(fringe benefit)이나 사용자가 임의로 지급하는 단순한 인센티브 차원이 전혀 아닌 것이다.

나의 경험을 예로 들어 설명하는 것이 이해에 더욱 도움이 될 듯하여 구체적으로 언급해보기로 한다. 내가 젊은 시절에 다니던 대기업 연구소에서도 직무발명에 대한 회사 내부규정에 따라, 연구원이 자신의 연구개발 성과에서 나온 발명을 특허로 출원하면 특허 받을 수 있는 권리를 회사(대표이사)에 양도한다는 서류에 반드시 서명해야 했다. 그 대신에 연구원이 특허를 출원하면 당시에 일률적으로 한 건당 5만 원, 해당 특허가 나중에 등록되면 10만 원을 특별수당으로 받고 미국, 일본 등지의 해외에 등록이 되면 더 많이 받았던 것으로 기억한된다.

내가 발명 특허를 남달리 많이 낸 것은 아니었지만, 특허출원 실적 역시 연구원에 대한 평가나 인사고과에 반영이 되므로 나름 신경을 쓰지 않을 수 없었다. 그런데 내가 회사를 퇴직하고 몇 년이 지난 후 회사 재직 시에 출원했던 내 특허의 상당수가 등록되었음을 알게 되었는데, 특허출원 후 등록까지 대개 몇 년 이상이 걸리기 때문이다. 나는 회사 특허 담당 부서에 전화를 하여 특허 등록에 따른 수당을 달라고 요구하였으나, 담당자는 그런 전례가 없고 회사 내부 규정상 퇴직자에게는 특허 등록 수당을 줄 수 없다고 대답하였다.

나는 회사에서 멋대로 주고 말고 할 수 있는 것이 아니라 법률상 당연히 내가 받아야 하는 권리라 주장하면서, 회사의 내부규정이 이 나라의 법보다 우선하냐고 항의를 하였다. 내 설득이 주효했는지 결국 퇴직 후에 등록된 특허들에 대한 수당을 받을 수 있었고, 덕분에 큰돈은 아니었지만 나름 두둑한 용돈을 챙길 수 있었다. 나는 이후 연구원 출신의 지인들에게 내 경험을 얘기하면서 직무발명에 대해 자신의 권리를 꼭 찾으라고 강조하곤 하였다.

직무발명제도의
개선 과정

　　직무발명제도를 과학기술인들이, 특히 정책에 관심이 있는 나와 같은 이가 매우 중요시하는 이유는, 과학기술인들이 자신의 능력과 업적에 대해 정당한 대우를 받을 수 있으려면 관련 지식재산권 제도들, 그중에서도 직무발명제도가 잘 뒷받침되어야 한다고 보기 때문이다. 특히 탁월한 과학기술인의 창의적인 연구개발 결과로 수백만 명을 먹여 살릴 수도 있는 시대에는, 그 성과를 낸 발명에 대한 합당한 평가와 충분한 보상을 해주는 것이 매우 중요한 일일 수밖에 없다.

　　직무발명제도 자체가 국내에 들어온 것은 상당히 오래된 일로서, 1961년 특허법에 최초로 도입되었다. 그러나 직무발명의 의미 및 그 보상에 대한 선언적 규정만 있었을 뿐, 구체적 기준이나 방안이 명시되어 있지 않았다. 즉 옛 특허법 제40조에 "종업원 등이 특허를 받을 수 있는 권리 등을 사용자에게 승계하는 경우 종업원은 정당한 보상을 받을 권리를 가진다"라고만 되어 있어서 실효성이 거의 없었다.

이공계 기피 현상이 심화되고 과학기술계 위기 상황이 고조되던 2002년에, 직무발명 보상을 일정 수준 이상으로 구체화하려던 특허법 시행령이 국회 통과를 앞두고 일부 세력의 반발로 사실상 무산된 것으로 보도된 바 있다. 나는 그 당시 이를 두고 한 칼럼에서 "수억, 수십억 원 대의 연봉을 거머쥐는 증권맨, 금융인들이 적지 않고, 영업사원들 역시 성과급에 따라 억대 이상의 인센티브가 흔한 요즘에, 바로 그 부(富)의 원천을 제공한 발명자, 과학기술인들에게는 이토록 인색한 이유가 무엇인가?"라고 비판한 바 있다.

그러나 그 무렵 그동안 사회적으로 '재주 잘 부리는 곰' 정도로 인식되어온 과학기술인 스스로에 대한 자각과 반성이 이루어지면서 과학기술인의 권익 향상을 위한 움직임이 활발해졌고, 따라서 직무발명에서 정당하게 자기 몫을 찾자는 목소리도 높아지고 있었다. 마침 직무발명 보상 소송으로 발명자가 소속 회사를 상대로 거액을 청구했던 국내의 '천지인 자판 사건'과 해외의 '청색 LED 사건'이 국내외에서 큰 화제가 되면서 직무발명 제도에 대한 과학기술계 안팎의 관심은 더욱 고조되었다. 그리고 독일, 일본에서는 관련 제도를 개정한 바 있다.

이에 우리 정부에서도 직무발명제도 관련 법제의 개정 필요성을 절감하여 제도 개선을 모색하였고, 나 또한 이를 위하여 나름 최선의 노력을 경주하였다. 2004년 6월 대통령 자문 국가과학기술자문회의 제8기 자문위원으로 위촉된 나는 직무발명제도 개선에 관한 정부 정책과제를 따와서 '과학기술혁신을 위한 직무발명제도의 보상체계 개선방안'이라는 연구 프로젝트를 추진하였고, 서울대 기술정책대학원 이정동 교수가 과제 책임자를 맡아서 진행하였다. 한국과학기술인연합(SCIENG) 박상욱 운영위원도 과제 공동연구자 중 한 명으로 참여하였다.

이 연구과제의 진행 상황 및 결과는 당연히 국가과학기술자문회의에 보고되었고, 2005년 상반기부터 정부에서는 직무발명제도에 관한 법률 개정 움직임이 본격화되어 직무발명 관련 조항을 개정된 발명진흥법으로 일원화하게 되었다. 이에 따라 옛 특허법의 직무발명 관련 조항은 삭제되었고 발명진흥법에서 직무발명제도에 관한 구체적인 기준과 방안을 마련하여 명시하게 되었다.

그러나 이와 같은 직무발명제도의 개선 과정이 그리 순탄하였던 것은 아니다. 도리어 법안 조항들을 놓고 사용자를 대변하는 측과의 줄다리기가 계속되면서 한때 도리어 과학기술인들에게 불리한 방향으로 개악될 우려에 처한 적도 있다. 더구나 관련 공청회에서 주무 부처인 특허청 정책 담당 국장은 직무발명의 기본 성격조차 이해하지 못하는 답답한 발언을 하여, 나는 너무 어이가 없어서 한숨을 내쉬기도 했다.

다만 법안의 최종 조율 과정에서 나와 박상욱 운영위원이 김종갑 당시 특허청장을 면담하여 그나마 가급적 과학기술인들에게 최대한 유리한 쪽으로 합의를 도출했다. 물론 몇 가지 쟁점이 되었던 사항들의 최종 결론에 과학기술인들이 전적으로 만족할 수 있는 수준은 아니었으나, 사용자 등 상대방의 입장도 있으니 '첫술 밥에 배 부르기'는 어려울 수 있는 만큼, 구체적 제도 개선의 물꼬를 튼 데에 의의를 둘 수 있다.

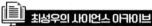

'천지인 자판 사건'과 '청색 LED' 사건이란?

　지난 2000년대 초, 한글자판 방식으로서 천지인 방식, 즉 ㅣ, ·, ― 3개의 문자를 조합해서 모음을 만들어내는 방식을 발명했던 최 아무개 연구원은 소속사였던 삼성전자를 상대로 거액의 청구소송을 낸 바 있다. 지금도 휴대전화의 한글 입력 방식으로 널리 쓰이는 천지인 자판 특허는 적어도 900억 원 이상의 가치가 있다는 평가에도 불구하고, 최 씨가 직무발명보상금으로 회사로부터 받은 금액은 불과 21만 원이었다.

　이 소송은 직무발명보상에 관해 대중적으로 큰 관심을 불러일으키는 계기가 되었으나, 엄밀히 말하자면 직무발명 보상금 액수 자체보다는 직무발명이 아닌 '자유발명'인지 여부가 소송의 쟁점이 되었다. 즉 당시의 법률로는 사용자 측에서 승계한 직무발명을 4개월 내에 출원하지 않으면 자유발명으로 간주되었으나, 삼성전자는 7개월 후에 출원하였기 때문이다. 삼성전자를 상대로 한 최 씨의 '부당이득 반환청구소송'은 당사자 간의 합의 후에 소를 취하하는 것으로 막을 내렸다. 삼성전자와 최 씨와의 정확한 합의 내용은 공개되지 않았지만, 삼성전자는 최 씨에게 상당한 보상금액을 지불한 것으로 추정되고 있다.

　국내에서 천지인 사건이 대중들의 관심을 끌 무렵, 해외에서는 나카무라 슈지(中村修二)의 직무발명보상 청구소송이 큰 화제가 된 바 있다. 질화갈륨(GaN) 소재의 고휘도 청색 LED를 개발하고 제품화에 성공하여 소속사인 니치아 화학공업(日亜化学工業)에 막대한 이익을 안겨

청색 LED 개발자로서 거액의 직무발명보상 소송을 냈던
나카무라 슈지 ⓒ Ladislav Markuš

줄 수 있었다. 니치아 화학공업은 청색 LED 덕분에 조그마한 중소기업에서 세계적인 대기업으로 성장하였지만, 나카무라 슈지가 그 대가로 받은 것은 2만 엔의 수당과 과장 승진 정도였다.

그 후 미국의 산타바바라대학(UC Santa Barbara) 교수로 전직한 그는 니치아 화학공업을 상대로 200억 엔의 부당이득 반환소송을 청구하였다. 2004년 1월, 1심의 도쿄지방법원은 니치아 화학공업이 나카무라 슈지에게 200억 엔을 지급하라고 판결하였다. 그의 특허를 통한 청색 LED 생산으로 니치아 화학공업이 얻은 독점이익에서 나카무라 슈지의 기여율을 50%로 인정하면 600억 엔 이상이 되지만, '처분권주의'에 따라 청구액 전액만을 인정한 것이었다. (처분권주의란 당사자가 신청하지 아니한 사항에 대해서는 판결하지 못한다는 민사재판의 기본원칙으로서, 원고가 청구한 200억 엔에 대해서만 지급 여부를 판결하고 나머지는 판결할 수 없다. 만약 나카무라 슈지가 600억 엔을 청구했더라면 600억 엔을 지급판결할 수도 있었다는 의미이다.)

그러나 전 세계 사람들을 깜짝 놀라게 만든 1심의 판결과는 달리, 2심의 항소법원에서는 금액이 크게 줄어들어 결국 8억 4,000만 엔을 니치아 화학공업이 지급하고 화해하는 것으로 소송은 마무리되었다. 이에 크게 실망한 그는 "기술자들이여 일본을 떠나라"라는 말을 남긴 것으로 유명하다. 나카무라 슈지는 지난 2014년 노벨물리학상을 공동으로 수상하여 다시금 화제의 인물이 된 바 있다.

직무발명 보상금은
많으면 안 되나?

　　　　　　　　　　　　지난 2005년 상반기에 직무발명
보상에 대한 규정 등이 발명진흥법으로 일원화되어 개선되기 이
전에도, 민간이 아닌 공공부문에서는 직무발명에 대한 실질적
인 보상이 상당 수준으로 실시되어왔다. 즉 과학기술인들의 직
무발명에 대한 관심이 폭증하고 정부 부처에서 제도 개선을 모
색하던 2004년에도, 공공 연구기관의 경우 기술료 수입의 50%
이상을 연구자에게 지급하도록 이미 기술이전촉진법에 의해 의
무화되어 있었다. 이에 따라 여러 연구기관에서 중소기업 등으
로의 기술이전 결과 수십억 원 이상의 직무발명보상금을 연구
팀에 지급하는 사례가 있었고, 그 후로도 비슷한 사례가 종종
발생하였다. 국공립대학의 경우에도 특허사업단 등 기술이전 전
담조직(TLO)을 설치하여 직무발명의 이전 및 사업화를 추진하

면서 보상 수준도 크게 상향되곤 하였다.

그러나 민간 기업의 경우 아무리 제도를 개선한다고 해도 직무발명 보상을 특정 비율 이상으로 강제하기는 쉽지 않고, 발명자의 기여도를 놓고 사용자인 기업 측과 종업원 사이에 이견이 생길 수도 있다. 다만 그 후로도 직무발명의 요건이나 보상 절차, 분쟁 해결 방안에 대해 여러 차례의 법령이 개정되면서, 민간 기업에도 일종의 합리적 가이드라인을 제시해왔다고 할 수 있다.

근래 들어 잘 알려진 국내 대기업 등에서 뛰어난 기술을 개발하여 회사에 큰 이익을 창출한 전현직 연구원들이 거액의 직무발명 보상금을 청구하는 소송을 제기하여, 결국 판결을 통하여 수십억 원 이상의 금액을 받게 되었다는 기사를 종종 접하게 된다. 어떤 이들은 보상 비용이 과도하여 회사에 부담을 끼치는 것 아니냐고 우려할지도 모른다.

지난 2005년 직무발명제 개선 관련 공청회에서도 과도한 직무발명 보상은 무리하고 말했던 특허청 정책 담당 국장은 "자신에게 주어진 본연의 업무를 한 이들, 예를 들어 교통경찰이 신호위반 운전자 등을 적발하여 범칙금을 부과한다고 해서 그에 따라 과도한 보상을 해야 하는 것은 아니지 않느냐?"는 황당한 비유를 한 적이 있다. 그런 논리라면 영업을 열심히 하는 것은 보험모집인이나 영업사원의 본연의 업무일 텐데, 왜 영업실적에 따른 별도의 성과급을 주는 것인지 도저히 이해하기 어렵다. 또한 경영을 잘해야 하는 것은 회사 대표 등 경영자로서 당연한 의무일 텐데, 좋은 성과를 거둘 경우 거액의 스톡옵션을 지급하는 이유는 도대체 무엇일까?

거액이든 소액이든 직무발명보상금의 의미가 중요한 것은 이익의 원천을 제공한 이들에게 정당한 보상을 한다는 것도 있지만, 우수한 인재의 이공계 유입이라는 면에서도 상당히 큰 의미가 있기 때문이다. 어느 분야건 우수 인력의 확보는 과학기술 발전의 핵심 요건으로 항상 꼽힌다. 그러나 전교 수위를 다투는 최우수 학생들, 심지어 과학고 출신 학생들마저 상당수가 의약계 대학으로 진학하는 것이 냉엄한 현실이다.

물론 고등학교 시절의 성적이 가장 중요한 요소는 아닐 수도 있겠으나, 빌 게이츠나 스티브 잡스, 국내 대기업 대표 등 크게 성공한 이공계인들을 들먹이면서 아무리 이공계로 진학하라고 유인을 해도 거의 소용이 없다. 만 명에 한 명 나오기 어려운 스타급 경영자보다는, 자신의 연구 성과를 제대로 인정받아 거액을 보상받는 과학기술인의 사례가 많아질 때 이공계 대학으로 진학하는 우수 청소년도 그만큼 많아질 것이다. 따라서 회사에 매우 큰 이익을 안겨준 결과에 대한 정당한 보상이라면 회사로서도 아까워하지 않고 지급하는 것이 상생과 아울러, 대승적 차원에서 회사, 나아가서는 국가의 장래를 위해서도 바람직하다.

특허법원의
설치와 개편 경과

특허법원은 특허 등의 산업재산권 관련 분쟁을 해결하기 위하여 1998년에 설치된 고등법원급 전문법원이다. 특허법원이 왜 필요한지 잘 이해하려면 다소 전문적인 내용이지만 과거의 특허심판제도 및 소송법상의 체계에 대한 설명이 필요하다.

특허심판이란 특허의 무효 여부, 특허권의 권리 범위 확인 등 특허권에 관한 분쟁을 해결하기 위한 행정 절차인데, 특허청 심판소가 이를 담당했고 현재는 특허심판원으로 이름이 바뀌었다. 특허청 심판소(특허심판원)는 엄밀히 사법기관은 아니지만 사실상 이에 준하는 심판 기능을 한다는 의미에서 '준사법기관'이라 지칭하기도 한다. 이와 유사한 준사법기관으로는 납세자가 부당한 세금에 대해 다툴 수 있는 조세심판원, 공무원이 징계처분에 불복하여 소청을 제기할 수 있는 소청심사위원회, 그리고 독점과 불공정거래에 관해 심의, 의결하는 공정거래위원회 등이 있다.

특허법원 설치 이전에는 특허에 관한 쟁송은 1차로 특허청 심판소, 이에 불복하는 경우 2차로 특허청 항고심판소에 제기할 수 있었고 최종적으로 대법원에 상고할 수 있었다. 즉 일반적 사법절차와 비교하자면 특허청 심판소가 지방법원, 특허청 항고심판소가 고등법원의 기능을 담당하고 대법원에서 최종 판결이 나므로 형식상으로는 3심제의 틀을 지니고 있었다.

그러나 이는 상당한 문제를 내포하고 있었는데 특허청 심판소와 항고심판소는 사법기관이 아닌 데다가 3심 중 유일한 사법기관인 대법원은 민사소송법상 사실관계를 심리하지 않고 법률적인 적용과 판단만을 하는 '법률심'이라는 점이다. 따라서 법원이 아닌 준사법기관이 '사실심'의 역할을 모두 수행하는 셈이므로, 헌법에 보장된 국민의 '재판받을 권리' 즉 법관에 의해 구성되는 법원에 의한 사실심을 받을 권리를 침해한다는 위헌론이 1980년대 말부터 제기되었다.

이에 1990년대 문민정부 출범 이후 사법제도 전반에 걸친 개혁 작업과 더불어 대법원과 특허청이 특허심판제도 및 관련 소송체계에 관한 새로운 방안을 각각 제시하며 개선을 추진하였고, 이 과정에서 발명가단체 및 과학기술계도 '기술판사제 도입'을 주장하면서 제도 개선에 적극 참여하였다.

결국 특허법과 법원조직법이 개정되어 특허에 관한 1차 심판은 개칭된 특허심판원이 담당하고, 이에 불복하는 소는 새로 설치된 특허법원이 담당하며 기존 특허청 항고심판소의 기능을 이어받는 셈이 되었다. 즉 특허심판원-특허법원-대법원으로 이어지는 새로운 소송 체계가 구성되면서 2심 격인 특허법원에 의해 사실심리가 가능해졌으므로 크게 개선된 것임은 분명하다. 특허법원은 처음에는 서울에 설치되었으나 2년 후인 2000년 3월, 대덕연구단지가 있는 대전으로 이전하였다.

그러나 문제점이 완벽히 해소된 것은 아니었고 과학기술계 입장에서도 아쉬운 점이 남아 있었다. 먼저 고등법원급인 특허법원은 특허심판원의 결정에 불복하는 소를 전속 관할로 하고 있지만, 특허법원이 특허에 관한 모든 소송을 담당하는 것은 아니다. 즉 특허권 침해에 따른 민사소송은 일반적인 민사소송과 같이 1심은 지방법원, 2심은 고등법원에서 관장하므로, 특허쟁송사건의 항소심이 특허침해소송인가 아니면 심판계 소송인가에 따라 관할이 일반 고등법원과 특허법원으로 갈라지는 셈이다. 또한 과학기술계가 주장하였던 기술판사제도는 특허법원에 도입되지 않았고, 기술판사나 기술심판관에는 격이 못 미치는 '기술심리관'이 소송 심리에 참여하는 수준으로 개정된 것이었다.

대전광역시에 위치한 **특허법원** 전경 ⓒ Minseong Kim

이후 나는 2005년의 신문칼럼을 통하여 특허법원의 한계와 여러 문제점 등을 지적하면서, 특허침해소송의 항소심을 특허법원 전속 관할로 집중하는 방안 및 기술판사제의 조속한 도입을 주장한 바 있다. 약 10년 후인 2015년 11월, 민사소송법과 법원조직법이 개정되면서 드디어 특허법원의 침해소송 항소심 전속 관할이 이루어졌다.

특허쟁송 일원화·기술판사제 과학기술 사법제도 개혁 시급

사법제도개혁추진위원회(사개추위)가 출범하여 여러 사법 개선안들을 마련하기 시작한 지도 벌써 6개월이 되었다. 그동안 로스쿨제 도입, 경찰의 수사권 독립문제, 형사소송법 개정안 등 국민적 관심을 끌면서 법조계 안팎으로 상당한 논란이 되고 개선안이 도출된 것들도 많았으나, 유독 과학기술과 관련된 사법제도 개선은 관심 밖의 영역인 듯 극히 지지부진하기만 하다.

특히 현행제도에서는 특허쟁송사건의 항소심이 특허침해소송과 심판계 소송에 따라 관할이 일반 고등법원과 특허법원으로 나뉘는 바람에, 여러 문제가 발생하고 공들여 설치한 특허법원이 '반쪽 기능'에 머물렀다는 비판이 제기된 바 있다. 이에 따라 그동안 과학기술계, 발명가 단체 및 특허 관련 업계 등에서는 특허침해소송의 항소심을 특허법원 전속 관할로 집중하자는 주장을 예전부터 펼쳐왔으나, 법 개정안이 그동안 국회 법사위를 통과하지 못하더니 이번 사개추위에서도 그다지 기대하기 힘든 모양이다.

도리어 개선은커녕, 과학기술계나 특허 부문에서는 거꾸로 개악되는 방향으로 가고 있는 듯하다. 즉 최근에 대법원의 상고심 폭증을 개선하기 위하여 고등법원에 상고부를 설치하여 최종심을 이원화하는 방안이 합의된 듯하나, 현실적으로 불가피한 선택이라 하더라도 특허법원에 상고부를 설치하는 등의 보완책이 없다면 앞으로 더욱 문제가 커질 것이다.

특허쟁송사건 등에 대한 처리 절차가 더욱 복잡하게 이원화되면

동일한 권리에 모순된 판결이 나와서 사법부에 대한 불신이 고조될 우려가 더욱 커질 뿐만 아니라, 신속한 분쟁 처리가 곤란하여 소송 당사자의 권익을 침해하고 국가 산업 경쟁력에도 악영향을 줄 가능성이 크다. 또한 특허침해소송이건 심판계 특허소송이건 관계없이 사실심리가 가능한 항소심 단계에서부터 관할을 집중하여 전문성을 강화하는 세계적인 추세에도 역행하는 것이다.

아울러 현행 기술심리관보다 진일보한 기술심판관이나 기술판사 제도를 도입하여 전문성을 더욱 강화하는 방안도 더욱 적극적으로 검토하여야 할 것이다. 특허법원의 설치가 뒤늦었던 일본에서조차 기술판사제도의 도입은 우리를 앞지르고 있는데, 최근의 직무발명제도 개선 방안 등에서도 나타났듯이 툭하면 일본을 따라가기에 바쁜 우리 법조계가 기술판사제의 도입 등에서는 진척이 매우 더딘 이유를 이해하기 어렵다.

사개추위의 제도 개선은 사법계가 아니라 국가의 주인인 국민을 위해서 하는 것이라면, 특허 등 관련 법제의 주요 소비자인 과학기술인들의 권익을 위하고 과학기술 발전과 국가경쟁력 강화를 도모할 수 있는 사법제도의 개혁에 만전을 기해야 할 것이다.

— 2005년 8월 5일 《한겨레》게재 저자 칼럼

과학기술을 위한
사법제도 개선의 의의 및 향후 과제

특허법원의 설치 및 침해소송 항소심 관할 집중은 과학기술계와 발명가 단체 등에서 요구한 사법제도의 개선이 사법 당국에 의하여 받아들여진 드문 경우라고 할 수 있다. 사실 여러 가지 여건과 현실 등을 감안할 때 순조롭게 이루어지리라 예상했던 이들은 그리 많지 않았을 것이다. 법조계는 상당히 보수적이기도 하거니와, 시쳇말로 우리나라에서 가장 '힘센' 집단이기 때문이다.

그러나 과학기술인들은 특허법원의 설치 과정에서 나름의 결집된 힘을 보여주었고, 또한 이후로도 자신의 이익뿐 아니라 과학기술의 발전과 국가경쟁력 강화라는 합리적인 명분을 가지고 설득력 있는 주장을 펴 나아갔기에 결국 뜻을 이룰 수 있었다고 여겨진다. 이는 과학기술인의 정책 참여 및 거버넌스 면에서도 의미 있는 성공 사례라고 평가할 수 있다.

한편으로는 특허법원 관련 제도 개선은 법조계로서는 일정 부분 양보를 의미하는 것일 수 있겠으나, 꼭 그렇게만 볼 것인지 의문을 제기하는 경우도 있다. 과거 특허법원의 설치를 위해 적극적으로 활동했던 한국과학기술원(KAIST) 교수는, 특허법원이 신설되면 법관의 자리도 늘어나서 법조계로서도 이익이었던 면이 크게 작용하지 않았겠느냐고 말한 적이 있다.

그리고 나의 개인적 견해이지만 2015년 11월에 특허법원이 특허침해소송 항소심 전속 관할을 맡도록 관련 법률이 개정될 수 있었던 것도, 당시 국회 법제사법위원장이 이상민 의원이었기에 가능하지 않았을까 싶다. 우리나라 과학기술의 메카라 불리는 대덕을 지역구로 둔 국회의원으로서, 이상민 의원은 법률가 출신이면서도 늘 과학기술인을 대변하는 자세를 견지해왔기 때문이다. 잘 알려져 있다시피 거의 모든 법률안은 특별한 경우를 제외하고는 국회 내에서도 이른바 '상원'이라 불리는 법제사법위원회(법사위)를 통과하지 못하면 개정이 이루어질 수 없다. 법사위는 대부분 법률가 출신 국회의원으로 구성되는데, 특허법원 설치 후에도 항소심 전속 관할에 관한 개정안은 무려 15년 이상 법사위의 문턱을 넘지 못하였다.

또한 과학기술을 위한 사법제도의 개선이 많이 진전되기는 하였으나, 아직 과학기술계 및 관련 업계의 요구가 다 실현된 것은 아니다. 특허법원의 특허침해소송 항소심 전속 관할에도 불구하고 변리사 업계에서 내심 기대했던, 침해소송 항소심에서 변리사의 대리권은 여전히 인정되지 않고 있다. 반면에 외국에서는 특허침해소송의 항소심 단계에서 변리사의 대리권이 일반적으로 인정되는 경우가 적지 않다. 속된 말로 '밥그릇 싸움' 즉 자칫 변리사와 변호사 간의 편협한 직역 다툼으로 매도될 소지도 큰데, 특허 관련 소송의 전문성이라는 면에서 어느 쪽이 더 합리적인지에 대해 보다 대승적으로 생각해야 할 것이다.

특허법원 기술판사제도의 도입은 아직 요원하게만 느껴진다. 같은 대륙법 체계이고 특허법을 포함한 수많은 법률에서 우리나라에 범례를 제공했던 독일은, 연방특허법원의 판사 중 기술판사가 법률판사보다 수적으로 많은 경우가 일반적이다. 21세기 첨단과학기술의 시대에 우리도 기술판사제도가 시행되어, 특허법원이 국가 경쟁력 강화에도 부응할 수 있도록 한층 심화된 전문성을 갖춘 사법기관으로 자리매김해야 할 것이다.

과학언론과
과학 대중화

과학기술 분야에서
오보와 과장 보도가 많았던 이유는?

십수 년 전 나라 전체를 떠들썩하게 했던 이른바 황우석 사태 당시에, 우리 언론의 총체적 문제점들이 극명하게 드러난 바 있다. 당시 과학기술단체의 설문조사에서도 황우석 사태의 혼란에 가장 큰 책임이 있는 곳은 '언론'이라는 응답이 가장 많았다고 한다. 다만 이 사건은 언론의 단순한 오보나 과장 보도라기보다는 그 본질이 논문 조작 사건이었던 데다, 황우석 교수에게 '올인'하다시피 했던 정부와 정치권의 그릇된 정책의 산물이기도 했다.

또한 황 교수에 대한 대중들의 맹목적 추종이 얽히면서 복잡한 양상으로 전개되었는데, 정부와 언론 등 우리 사회 전체가 갈피를 못 잡고 헤매는 와중에서, 한국과학기술인연합(SCIENG)은 젊은 과학기술인들이 중심이 된 회원과 운영진의 헌신적 노력을 바탕으로 "황우석 사태의 본질은 논문 조작이다"라는 공식 성명을 통하여 진상 규명과 문제 해결의 단초를 마련하였다. 다만 황우석 사태와 관련해서 모든 사항을 상세히 논하기 위해서는 아마 책 몇 권으로도 모자랄 것이므로 이 정도로 요약을 마치기로 한다.

아무튼 당시 대부분의 언론은 정확하고 냉철한 보도로 사태 해결에 도움을 주기는커녕 도리어 혼란을 부채질하였는데, 이런 난맥상은 신문이든 방송이든 이른바 메이저 언론이든 소수 언론이든, 보수든 진보든 거의 가리지 않고 되풀이된 바 있다. 그런데 그 이전부터도 과학기술 분야에서는 언론의 크고 작은 오보와 과장 보도들이 끊이질 않았다. 대표적인 사례가 바로 어느 정부 출연 연구기관이 발표한 연구 결과에 대해 언론들이 대대적으로 보도한 사건인데, 황우석 사태보다 몇 개월 정도 앞서서 있었던 일이다.

2005년 9월, 국내 정부 출연 연구기관인 E 연구원 소속의 물리학자 K 박사가 오랫동안 학계의 미해결 과제였던 이른바 '금속-절연체 전이(MIT) 가설'을 실험을 통해 입증해냈다고 발표하였다. 대부분의 신문, 방송은 대문짝만한 머리기사로 '100조 원 가치의 연구성과', '노벨물리학상 확실시' 등의 보도를 쏟아냈고, 심지어 어떤 신문은 뉴턴의 만유인력 법칙 발견에 비견된다는 낯뜨거운 기사를 내기도 하였다.

그러나 머지않아 너무 과장되었다는 지적이 제기되면서 논란이 이어졌다. 물리학자 K 박사가 관련 논문을 발표한 것은 사실이며 차세대 반도체 분야 등 산업적으로 응용할 가능성이 있다고 해도, 그 경제적 효과를 확정적으로 예단하기는 매우 어렵기 때문이다. 마침 그 당시가 황우석 박사가 스타 과학자로 각광 받으며 국민적 영웅으로 떠오르고 있던 시절이라, E 연구원과 정보통신부에서 'IT계의 황우석'을 띄우려 무리하지 않았나 추측되기도 하였다.

그런데 연구자의 일방적 주장 또는 소속 기관이나 기업이 내놓은 보도자료에 대해 언론들이 기초적 검증도 없이 그대로 베껴 쓰다시피 해서 내보내는 일이 반복되었던 이유는 무엇일까? 이에 대한 해답이 될 만한 중요한 이야기들을 나는 일선 기자로부터 들은 적이 있다.

금속–절연체 전이(MIT) 가설 논란 즈음에 대부분의 신문과 방송은 과장 보도를 쏟아냈으나 《한국일보》, 《한겨레》 등 그 대열에 동참하지 않은 신문도 있었다. 당시 《한국일보》 과학 담당 기자였던 김희원 기자는 치밀한 취재 후에 문제의 기사를 내지 않았다고 한다. 김희원 기자는 이후 터진 황우석 사태 당시에도 심층적인 취재와 차분한 분석을 바탕으로 정확하고 수준 높은 기사를 내었고, 문제의 해결 방향을 제시하는 뛰어난 활약으로 '최은희 여기자상' 등 다수의 언론상을 받았던 유능한 기자였다.

내가 운영위원으로 몸담았던 한국과학기술인연합(SCIENG)에서도 좋은 과학기술 기사를 쓴 기자에게 주는 상을 제정하여, 2007년 1월, 김희원 기자가 그 첫 번째인 '제1회 SCIENG 과학기자상'을 수상하였다. 나는 약소하지만 상패와 부상을 김희원 기자에게 전달하고 수상자 인터뷰를 했는데, 그에 앞서서 금속-절연체 전이(MIT)와 관련하여 E 연구원 측과 K 박사의 주장이 너무 과장되었는지 어떻게 알았느냐고 김 기자에게 물었다.

김희원 기자는 관련 연구 분야의 최고 전문가로 꼽히던 어느 물리학과 교수에게 그에 관한 내용을 전화로 물었는데, 답변에서 힌트를 얻고 기사를 내지 않기로 했다고 한다. 물론 김희원 기자의 질문을 받은 물리학 교수라고 해서 "그거 지나치게 부풀려진 것이니 보도할 가치가 전혀 없다"라고 말할 수는 없었을 것이다. 상당히 돌려서 언급한 답변이 암시하는 바를 정확히 깨달을 김희원 기자의 내공과 판단력이 뛰어났다고 할 것이다. 아무튼 해당 기사를 내지 않았던 김 기자는, 나중에는 칭찬을 들었을지 몰라도 그 직후에는 상사로부터 큰 질책을 받았다고 한다.

나와의 인터뷰를 통하여 김희원 기자는 바로 당시 언론계 내부의 시스템 문제나 잘못된 관행을 상세히 지적하였다. 즉 "언론계에서는 이른바 '낙종'에 대한 두려움이 상당히 커서 그냥 다 한데 묻어가는 분위기에 휩싸이기 쉬우며, 일종의 안전판, 즉 최선은 못 되어도 차선책은 된다는 인식이 팽배하다. 실제로 다른 언론들이 다 크게 보도한 것을 한 언론에서만 다루지 않으면, 이유 여하를 불문하고 먼저 데스크나 상층으로부터 '왜 당신만 안 썼느냐?'고 질책부터 당하기가 쉽다. 이것이 나중에 정말 낙종으로 이어졌을 경우에는 해당 기자가 입는 피해가 더욱 클 텐데, 반면에 잘못된 기사라도 일단 쓰고 보면 칭찬을 듣기 십상인 것이 우리의 현실이다"라고 솔직하게 얘기해주었다.

또한 김희원 기자가 오보나 과대포장 없이 정확하고 편향되지 않은 과학기사들을 낼 수 있었던 남다른 비결이라도 있느냐는 내 질문에 "특별한 비결이 있다기보다는 기자로서 원칙성을 항상 충실히 지키려 했던 덕분이 아닌가 생각된다. 즉 기자들은 대립되는 정보들 사이에서 무엇이 '팩트'인지 판단하고 확인하는 것이 매우 중요한데, 이를 위해 최적의 전문가를 찾아 자문을 구하는 등, 올바른 판단을 내리기 위해 원칙을 지키려 노력했다"라고 답변하였다. 그리고 정확성을 잃지 않으면서도 대중이 읽을 수 있는 수준의 흥미 있는 과학기사를 작성하기가 쉽지 않은데, 과학기술인들이 학술논문 수준의 정확성만을 요구한다면 그런 기사는 도리어 대중의 외면을 받을 거라면서, 조화와 균형 그리고 과학기술계와 언론계 간의 바람직한 네트워크 형성 및 상호 이해가 필요하다고 덧붙였다.

요컨대 언론들이 과학기술 관련 보도와 기사에서 오보와 과장 보도가 많았던 데에서는 언론계만의 문제가 아닌 과학기술계의 책임도 없지 않다고 보이며, 따라서 열악한 환경에서 일하는 과학기자들에게 질책만이 아니라 실질적인 도움을 줄 수 있는 방안이 필요하다는 데에 나도 그전부터 공감하였다. 그러한 방법의 하나로서 한국과학기술인연합(SCIENG)과 나는 과학기술 관련 언론보도들을 지속적으로 모니터링할 수 있는 시스템 및 각 분야 전문가들이 기자들에게 조언을 해줄 수 있는 지원단을 구성할 것을 주장해왔다.

신문칼럼을 통하여 과학언론의 제반 문제에 대해 비판하고 그 대안을 제안했던 업보(?)로 인하여, 나는 결국 '과학언론의 정확성 제고 방안'에 대한 정부 정책과제를 떠맡게 되었다. 즉 황우석 사태 이듬해인 2006년 중반에 국가과학기술자문회의는 해당 과제를 발주하였는데, 이를 맡아서 책임 있게 진행할 만한 적임자를 찾기 어려웠는지 결국 공식적 과제 책임자를 대신하여 내가 실질적인 프로젝트 리더가 되어서 정책과제를 총괄하게 되었다.

다소 힘들기도 했지만 그 과제의 결과로 이듬해 2007년에 한국물리학회 산하에 과학언론특별위원회와 대언론지원단이 결성되었는데, 때마침 이른바 '제로 존 이론 사건'이라는 것이 터졌다. 2007년 여름, 국내의 한 시사월간지는 치과의사 출신의 재야 물리학자가 주창한 제로 존 이론은 질량, 길이, 시간 등 물리량의 7개 기본단위를 숫자로 바꿔서 호환되도록 했는데, 기존의 입자물리학에 커다란 충격을 안기는 획기적인 이론으로서 세계 물리학계에 혁명을 일으킬 만한 엄청난 업적이며 노벨물리학상 수상도 확실시된다고 흥분하면서 대서특필하였다.

그러나 특종보도의 기대와는 달리 정작 국내 물리학계와 관련 전문가들의 반응은 냉담했는데, 제로 존 이론이란 단순히 물리 상수들을 짜맞춘 숫자놀음에 불과하며 과학의 범주가 아닌 유사과학의 위험성이 크다는 것이었다. 결국 한국물리학회가 나서서 학회 산하의 대언론지원단을 통해 대책을 논의하고 공식 검증을 하게 되었고, 그 결과 "소위 제로 존 이론은 과학적 가치가 전혀 없다"는 내용의 성명을 발표하기에 이르렀다. 이로 인하여 한때나마 일부 대중을 흥분시켰을 제로 존 이론 파문은 서둘러 진화되었는데, 이전의 황우석 사태나 과대 포장 보도의 사례들과는 달리 전문가들의 모니터링 시스템이 제대로 작동한 결과라고 하겠다.

최성우의 사이언스 아카이브

과학기술 과대포장 보도 앞서
전문가 통해 철저한 검증을

그동안 이른바 'MIT 가설'로 불리던 금속─절연체 전이 현상을 우리나라 물리학자가 세계 최초로 규명했다는 얼마 전의 언론 보도에 대해 지나치게 과대 포장되었다는 비판이 제기되는 등 상당한 논란과 진통이 뒤따른 바 있다.

필자 역시 과학저널리스트의 한 사람으로서 그동안 우리나라의 과학기술 보도와 관련된 여러 가지를 종종 언급한 적이 있었지만, 이번 사건은 이 나라 과학 커뮤니케이션 구조의 취약성 및 관련 저널리즘의 문제점들을 총체적으로 극명하게 드러내고 있는 듯하다.

먼저 과학기술 관련 저널리즘은 고도의 전문성을 필요로 함에도 불구하고, 우리나라 언론의 과학부나 과학팀은 미디어 내부적으로 영향력이 미약하고 주변적 위치에 머물고 있다. 그 결과 대부분 전문성이 크게 부족하고 보도자료에 대한 검증 등을 소홀히 해왔다는 사실을 부인할 수 없다. 물론 과학기술계와 일반 대중들이 공통적으로 소통하고 이해할 수 있는 '언어'가 마땅치 않은 고충을 전혀 모르는 바는 아니지만, 대중들의 눈길을 끌려고 지나치게 선정적인 보도를 일삼다 보니 '세계 최초……', '경제적 효과가 수억 달러' 등의 용어를 남발하더니, 이번에는 더 나아가서 '노벨상 후보 탄생', '뉴턴의 만유인력 발견에 비견' 등 성급하고 과장된 표현들이 눈살을 찌푸리게 하였다.

또한 이번에 해당 과학자가 소속된 기관 역시 지나치게 과대포장된 홍보를 의도했다는 의혹과 책임에서 자유로울 수 없다. 새로운

'스타 과학자'를 인위적으로 띄우려 했든, 정부의 지원을 겨냥했든, 이번의 사건으로 인하여 도리어 과학기술계 외부와 대중들의 불신이 가중되고 본질을 벗어난 논란이 지속된 것은 큰 문제가 아닐 수 없다.

그러나 한편으로는 이번 사건을 계기로 하여 과학기술인, 과학언론 담당자, 일반 대중들 모두 철저히 반성하고, 우리나라의 과학 커뮤니케이션과 관련 저널리즘이 한 단계 발전할 수 있도록 다 함께 노력한다면 도리어 전화위복의 기회가 될 수도 있다.

그동안 다른 분야와는 달리 유독 과학기술 보도 분야만은 심각한 '오보'가 나와도 별 탈 없이 유야무야 넘어가기 일쑤였던 것은 앞으로 반드시 시정되어야 할 것이다. 또한 언론 과학 담당자의 전문성을 더욱 고양함과 아울러, 취재원이나 보도자료의 진정성 등이 의심스러운 경우에는 적절한 사전 검증이 이루어질 수 있도록 해당 전문가들로 이루어진 '과학보도 지원단'을 구성하여 담당 기자들에게 조언해주는 체계 등을 만들어보는 것은 어떨까?

– 2005년 10월 28일 《한겨레》게재 저자 칼럼

여전한 노벨상에 대한 집착과 콤플렉스

아직 과학 분야에서 노벨상 수상자를 배출하지 못한 우리나라로서는 언젠가는 한국인도 노벨과학상을 받게 되리라 기대하고 열망하는 것은 당연할 것이다. 다만 노벨과학상에 대한 대중의 관심이 너무 지나쳐서 그것이 집착과 조급증이 되고 일종의 콤플렉스로 내재화되었다는 것이 상당한 문제이다. 해마다 이른바 노벨상 시즌, 즉 각 분야의 노벨상 수상자가 결정, 발표되는 10월 초가 되면 언론지상에서는 '우리는 왜 노벨과학상을 못 받나' 하는 기사와 칼럼들이 들끓곤 한다.

러시아 출신의 물리학자 안드레 가임(Andre K. Geim, 1958~)과 콘스탄틴 노보셀로프(Konstantin S. Novoselov, 1974~)가 그래핀 연구의 공로로 노벨물리학상 수상자로 발표되던 2010년 가을, 국내 언론들은 "한국인 출신 물리학자 김필립 박사도 당연히 노벨 물리학상을 공동으로 수상했어야 하는데, 노벨상 위원회가 중대한 실수를 하는 바람에 노벨상이 아깝게도 날아가버리고 말았다"는 식의 기사를 쏟아내었다. 그러나 이는 진실과 매우 다른 것이었다. 노벨상 위원회가 그해 물리학상 수상자 및 또 다른 그래핀 연구자였던 김필립 교수의 업적을 소개하면서 일부 사소한 오류가 있었던 것은 사실이었지만, 가임과 노보셀로프의 연구 업적이 워낙 뚜렷해서 두 사람만 노벨상을 받은 것이었고 이는 김필립 교수 자신도 솔직하게 인정한 바 있다. 노벨상 위원회의 일부 오류를 지적한 다른 학자의 이야기와 한국인 출신 첫 노벨물리학상 수상에 대한 대중의 기대감이 뒤죽박죽으로 섞이면서, 결국 많은 국내 언론이 과장 보도를 넘어서 오보를 내는 해프닝이 일어났던 것이다.

해마다 10월 즈음에 노벨상 관련 기사와 보도들을 모니터링해온 나로서는 한 가지 '흥미로운' 사실을 발견할 수 있었다. 즉 일본인 출신 노벨과학상 수상자가 없는 해에는 비교적 잠잠하다가, 이웃 일본에서 노벨과학상이 배출되는 해에는 어김없이 '우리는 왜?'라는 볼멘소리가 높아진다는 것이다. 일본의 요시노 아키라(吉野彰, 1948~)가 리튬이온전지 개발 공로로 노벨화학상을 공동 수상한 2019년, 한 국회의원은 과학기술계에 대한 국정감사

자리에서 "우리나라 과학자들은 '노력'이 부족하니 아직껏 '노벨상'을 받지 못하는 것이 아니냐?"라고 질타한 적이 있다.

아무튼 근래 일본의 노벨상 수상 실적은 괄목할 만한데, 특히 2010년대 이후에는 물리, 화학, 생리의학 중 한 분야 이상에서 거의 해마다 노벨상 수상자를 배출하여, 이제는 일본인 출신으로 노벨과학상을 받은 이들이 20명을 훌쩍 넘겼다. 어느 신문칼럼에서는 일본과 우리의 노벨과학상 대전 스코어가 '20 대 0'이라면서, 만약 축구나 야구 경기에서 일본에 이렇게 큰 점수 차이로 진다면 온통 난리가 났을 것 아니냐고 비꼬기도 했다.

그런데 참으로 이상한 점이 있다. 일본과 우리의 비교는 숱하게 들리지만, "미국은 해마다 노벨과학상을 쓸어가다시피 하는데, 왜 우리는 하나도 못 받느냐?"는 얘기는 한 번도 들어본 적이 없다. 과학기술 수준에서도 세계 최강국인 미국과 비교한다는 것은 스스로 바보 같은 짓이라 생각해서 그럴 수도 있겠지만, 그렇다면 일본과 국력이 엇비슷한 독일과 비교해서 "독일은 노벨과학상을 자주 받는데 우리는 왜 아직 못 받느냐?"라고 묻는 사람 역시 거의 없을 것이다.

사실 근대화 과정을 보면 일본은 독일과 유사한 점이 매우 많다. 물론 동서양의 차이는 있겠지만 메이지유신이 진행될 무렵과 독일의 통일 및 급속한 산업화가 추진된 시기가 거의 비슷하고, 일찍 근대국가를 형성하고 산업혁명을 겪은 영국, 프랑스에 비해 중세 봉건적 색채를 뒤늦게야 탈피한 면 역시 마찬가지이다. 그러니 후발 제국주의 국가로서 독일과 일본이 제2차 세계대전도 함께 일으켰을 것이다.

특별한 과거의 역사가 얽힌 데다 가깝고도 먼 나라인 일본은 우리와 늘 비교의 대상이 되면서도 한편으로 만만하게(?) 보일지도 모른다. 일본은 오래 계속된 경제침체와 함께 최근에는 쇠락의 징조가 역력하기는 하지만, 기초과학을 포함한 일본의 전반적 과학기술 역량은 결코 폄훼할 수 없다. 무엇보다 우리나라에 훨씬 앞서서 서구의 근대과학을 수용해왔는데, 근대 물리학의 바이블이라 할 만한 뉴턴의 『프린키피아』를 서양과 큰 시기적 격차 없이 번역해내었고, 증기기관차 모델을 자체적으로 제작한 것 역시 유럽에서 스티븐슨의 증기기관차가 상용화된 지 불과 20여 년 후의 일이다.

현행 1만 엔권 일본 지폐의 모델 인물인 계몽사상가 후쿠자와 유키치(福沢諭吉, 1835~1901)가 저술하여 출판한 『훈몽궁리도해(訓蒙窮理圖解)』는 '그림으로 배우는 물리학 입문서'라 할 수 있는데, 일본 초등학교(소학교)에서 교과서로 쓰이면서 이후 일본 과학기술의 발전에 큰 영향을 미쳤다. 일본의 근현대 과학기술은 19세기 말에서 20세기 초에 이미 서양의 선진국들과 거의

물리학 입문서를 저술하는 등 자연과학의 계몽과 보급에도 앞장섰던 후쿠자와 유키치

비슷한 수준으로 발전하면서, 일본 1천 엔권 화폐의 모델 인물이기도 한 세균학자 노구치 히데요(野口英世, 1876~1928)는 여러 차례 노벨생리의학상 후보에 오르기도 하였다.

나는 일본의 과학기술을 일방적으로 찬양하고자 하는 것도 아니고, 우리나라가 아직 노벨과학상을 받지 못하는 이유를 변명하려는 의도도 아니다. 그러나 노벨상에 대한 우리 사회의 과도한 집착과 조급증으로 인하여 주객과 본말이 전도되면서, 국가의 과학기술정책마저 간혹 왜곡되거나 부정적인 영향을 받는 점은 매우 우려할 만하다. 실제로 그동안 '노벨상을 속히 받기 위한' 정책 보고서들이 꽤 나온 적이 있다.

지난 1990년대 설립된 고등과학원(KIAS), 이명박 정부 당시에 추진 설립된 기초과학연구원(IBS)의 건립 목적에 어김없이 '노벨상을 받을 만한 수준'의 과학자 양성 또는 기초과학 진흥이라는 문구가 들어가 있었다. 물론 실제로 노벨상만을 목적으로 새로운 연구기관을 설립한 것은 아닐 터이고, 어쨌든 이들 기관이 결과적으로 우리의 기초과학 발전에 공헌할 수 있게 된 것은 다행스러운 일이나, 국가의 중대 정책 추진에도 노벨과학상을 전면에 내세워야 했다는 사실은 매우 씁쓸하기 그지없다.

내가 신문칼럼을 통하여 처음으로 노벨상 콤플렉스를 비판한 지가 벌써 20년이 넘었고, 이후에도 몇 차례 비슷한 글을 쓰곤 하였다. 이제는 상당수의 지도적 과학자들도 나와 비슷한 주장을 펴는 듯하다. 2010년 당시 '노벨상 위원회 실수' 논란의 당사자였던 김필립 교수도 국내 강연 자리에서 "연구의 최종 목적이 노벨상 수상은 아니다"라고 불편한 심경을 내비친 바 있다.

언론과 오피니언리더들, 그리고 연구자와 일반 대중 모두 이제는 제발 노벨과학상 콤플렉스와 조급증에서 해방되어야 할 것이다. 또한 그것이 도리어 역설적이게도 한국인 노벨과학상 수상자 배출을 앞당기는 길이 될 것이다. 사실 우리나라에서 기초 연구다운 기초 연구를 시작한 것은 불과 30년 정도밖에 되지 않는다. 그만큼 '축적의 시간'이 필요하다.

설령 노벨과학상을 앞으로도 한동안 못 받으면 또 어떤가? 다시 스포츠 분야에 비유하자면 얼마 전까지만 해도 금메달 유망주로 기대되던 선수가 올림픽에서 메달을 못 따거나 심지어은·동메달을 받아도 사람들은 실망을 금치 못했고, 해당 선수는 "금메달을 못 따서 국민 여러분께 죄송합니다"라면서 고개를 숙이거나 울먹이곤 하였다. 그러나 2021년 도쿄올림픽, 2022년 베이징올림픽 등에서 우리 대중은 그다지 메달에 집착하지 않았고, 결과에 관계없이 최선을 다한 선수들에게 아낌없는 응원과 박수를 보내면서 스포츠 자체를 즐기는 성숙한 태도를 보였다.

마찬가지로 대중이 노벨과학상에 집착하지 않고 과학 자체의 의미를 이해하고 향유할 수 있을 때 비로소 수준 높은 과학 문화가 함양되었다고 말할 수 있을 것이다.

과학문화의 혁신과
진정한 과학 대중화를 위하여

　　　　　　　　　　　　그동안 신문, 잡지 등에 과학칼럼
을 연재하고 몇 권의 대중과학서를 내면서 과학저널리스트로서
도 활동해온 나로서는, 과학문화의 확산이나 과학의 대중화 또
한 중요한 관심사의 하나로서 늘 관심을 가져왔고 여러 정책적
방안도 제시한 바 있다. 또한 앞에서 언급한 과학언론 관련 정
책과제 등을 포함해서, 그동안 내가 주장해온 바들이 여러 가
지로 반영되거나 그러한 방향으로 변화가 이루어지면서 지금은
과거에 비해 크게 나아진 듯 보인다.

　　출중한 연구 업적을 쌓은 과학자들이 저술한 대중 교양과학
도서가 베스트셀러가 되는 경우도 많고, 텔레비전의 예능 프로
그램에 과학자들이 패널로 등장하는 것도 이제는 낯설지 않다.
꼭 과학자가 아니더라도 전문적 과학 커뮤니케이터들이 기존의

대중매체나 유튜브 등에서 활약하면서, 과학기술의 대중적 이해에 상당한 기여를 하고 있다.

그러나 약 20년 전만 하더라도 과학문화 부문은 매우 열악한 상황이었다. 과학의 대중화 관련 활동을 하는 과학자나 과학저널리스트는 손에 꼽을 정도였고, 무엇보다 척박한 환경에서 나름의 사명감을 지니고 수행하는 과학문화의 확산을 위한 노력도 그다지 인정받지 못하였다. 여러 권의 뛰어난 교양과학도서를 저술하여 대중에게 큰 호평을 받았던 저명 과학자는 오래전에 애로사항을 토로한 적이 있었다. 몸담고 있던 대학에서 같은 학과 교수와 가벼운 언쟁을 벌이던 와중에, 동료 교수가 "내가 당신보다 SCI 논문도 더 많이 썼다"라고 말했다는 것이다. 그저 과학의 대중화에 기여하겠다는 사명감 하나로 적지 않은 시간과 노력을 투입했건만 후배뻘인 과학자로부터 그런 비난을 들어야 하는 것인지, 허탈감과 참담함을 감출 수 없었다는 것이다.

이런 와중에 과학문화재단(현 과학창의재단) 같은 공공기관은 일회성 행사나 전시성 활동에 치중하는 경우가 많아서, 과학 대중화의 진정한 의미를 실현하기는 쉽지 않았다. 과학기술부 역시 앞서 언급한 '한국인 우주인 배출 사업'과 같이 후속 조치도 불투명한 전시성 사업에 적지 않은 돈을 쓰곤 하였다.

나는 국가과학기술자문위원으로 활동하던 지난 2005년 상반기에, '과학기술중심사회를 위한 과학문화혁신방안 연구'라는 정책과제를 착수시키고 사실상의 프로젝트 리더가 되어서 추진한 바 있다. 과학기술학자, 과학교사, 언론 및 출판 관계자, 과학문화 사업가 등이 폭넓게 참여한 이 정책과제에서 일회성, 전시성 사업은 가급적 지양하고 과학문화 콘텐츠의 개발 및 과학문화 관련 전문 인력 양성에 주력하면서, 궁극적으로는 과학문화의 산업화 방안을 제안하였다.

또한 그동안 국가과학기술자문회의 같은 공식 석상 또는 비공식적 자리에서 과학기술인들의 과학문화 확산이나 과학 대중화를 위한 노력 역시 연구개발 성과 못지않게 인정받아야 한다고 역설해왔다. 지금은 과학자들이 펴내는 교양과학서적도 소속 대학이나 연구기관에서 논문이나 특허처럼 하나의 실적으로 인정받는 경우가 적지 않으나, 그 인정 점수나 비중은 그다지 크지 않다. 따라서 그런 방면으로 재능이 있는 과학기술인이라 하더라도, 시간과 노력이 많이 소요되는 대중과학도서보다는 SCI급 논문 하나를 더 쓰는 것이 임용이나 승진 평가에 훨씬 유리하다. 더욱 중요한 것은 수많은 전문 학회에서 과학의 대중화를 지원할 수 있는 조직체계를 구성하거나, 이를 위한 소속 회원들의 노력을 단순한 봉사가 아닌 의미 있는 활동으로서 인정할 수 있어야 한다는 점이다.

지금도 언론 지상에서 과학기술 관련 오보가 여전히 적지 않으며, 명백한 오보까지는 아니더라도 사실보다 크게 부풀린 과장 보도 또한 거의 일상으로 눈에 띄곤 한다. 최근의 코로나 19 상황에서 일부 제약사가 코로나바이러스에 특효를 보일 수 있는 신물질을 개발했다는 등의 뉴스가 간혹 등장하였는데, 인체에 대한 임상시험을 전혀 시작하지 않은 시점에서 자사의 주가 상승을 노린 과장 보도가 아니었는지 의심받기도 하였다. 또한 정확한 근거나 과학적 검증 없이 특정 물질이나 제품이 각종 질병을 치유하고 인체 건강을 크게 향상 시킨다는 등 거의 사이비과학에 가까운 일방적 주장이 난무하기도 하고, 이와 반대로 특정 화학물질의 위험성이나 잠재적 폐해가 과장되어 대중의 지나친 우려를 불러일으키는 경우도 적지 않다.

이러한 경우 해당 학회가 중심이 되어서 전문성이 부족한 기자들에게 정확한 지식과 정보를 전달하거나, 논란이 되는 사안들에 대하여 공신력을 지닌 판정을 내릴 수 있어야 한다. 그러나 우리나라의 경우 크고 작은 수많은 학회 중에 이러한 활동을 위한 별도의 조직을 지닌 곳은 대단히 드문 형편이다. 그나마 대중에게도 잘 알려진 여러 스타 과학자를 보유한 한국물리학회가 산하에 별도의 위원회를 두고 과학 대중화를 위한 교육과 활동을 비교적 하는 편이지만, 대언론지원체계는 미흡한 실정이다.

선진국에서는 전문 학회에서 논문 발표뿐 아니라 언론과 대중을 위한 이른바 '미디어 데이' 등의 행사가 열리곤 하는데, 우리나라에서도 일부 학회에서 이러한 시도를 해보았으나 그다지 정착되지 못하고 있다. 만약 학회에서 이러한 활동을 하기 어렵다면 공공재단 성격의 가칭 '과학미디어센터' 같은 것을 설치하여 각 언론사를 지원하는 방안도 생각해볼 수 있는데, 이 또한 일부 선진국에서 이미 시행하고 있는 제도이다.

그동안 이른바 메이저 언론사들이 과학전문기자를 채용하여 과학언론의 전문성 강화를 도모하기도 하였지만, 신문, 방송의 내부 사정은 과거보다 크게 나아지지 않았거나 도리어 악화된 형편이다. 이른바 '기레기'라는 멸칭으로 대중의 비난을 받기도 하는 언론 전반의 공공성 회복이 큰 문제로 대두하기도 하였고, 유튜브 영상 등 신종 매체, 포털과 개인 미디어의 성장이라는 급변하는 환경은 기존 언론에 세계적 위기를 초래하고 있다. 이러한 상황을 맞이하여 과학언론 역시 돌파구를 마련하기 쉽지 않아서, 다수의 신문이 기존에 따로 있던 과학면이 통폐합되어 사라지기도 하였다.

지난 2020년 1월 초, 국내 대학의 명예교수로 있던 수학자가 이른바 밀레니엄 7대 수학 난제 중 하나인 '리만 가설(Riemann Hypothesis)'을 증명했다고 주장하여, 상당수의 신문이 그 결과가 기대된다는 식의 보도를 하였다. 그러나 나의 지인인 저명 수학자는 "수학계의 방식은 검증을 거친 뒤 저널 심사를 거쳐 언론에 공개되는 것으로서, 전문가 검증 없이 일방의 주장만을 담아서 기사를 작성하는 일은 거의 없다"면서 언론의 자중을 촉구하기도 하였다.

더구나 당시 리만 가설을 증명했다고 보도된 수학자는 10여 년 전에 또 다른 7대 난제의 하나인 'P 대 NP 문제(P vs NP Problem)'를 풀었다고 억지 주장을 했던, 양치기 소년 같은 인물이었다. 언론에서 기초적인 사실관계라도 확인해보았더라면, 또는 동료 수학자에게 최소한의 자문이나 조언을 구했더라면 이런 해프닝은 반복되지 않았을 것이다. 내가 꼼꼼히 검색해본 결과 다행히도 메이저 신문이라 꼽히는 일부 언론과 중앙의 지상파 방송은 이런 보도를 전혀 하지 않았는데, 전문성을 지닌 과학전문기자가 검증했거나 데스크에서 제대로 잘 거른 것으로 생각한다.

나는 오래전에 소위 사회지도층인사라는 이들이 과학의 상식조차 알지 못하는 것을 부끄러워하기는커녕 도리어 자랑 삼아 말하는 해괴한 상황에 대하여 "과학에 대해 무식함은 자랑이 아니다"라는 신문칼럼과 저서의 한 꼭지 글을 통하여 비판한 적이 있다. 그 후로 과학문화재단 등에서 전개한, 오피니언리더들의 과학 상식 함양을 강조하는 이른바 '사이언스 오블리제' 운동을 통하여 이러한 그릇된 풍조는 많이 불식된 듯하다.

그러나 오늘날 일반 대중이 일정 수준의 과학적 지식을 철학, 문학, 예술 등 다른 분야와 마찬가지로 누구나 마땅히 지녀야 할 교양으로 여기고 있을까? 여기에 큰 의문이 될 만한 일이 몇 년 전에 벌어진 적이 있다. 지난 2019년도 대입 수학능력시험, 즉 2018년 11월에 실시된 수능 국어 영역에서, 뉴턴의 만유인력에 관한 문제가 출제되어 온 나라가 시끄러울 정도로 한바탕 난리가 난 적이 있었다. 뉴턴의 운동방정식과 만유인력은 물리학에서 그야말로 기본 중의 기본이라 할 만큼 중요하고 원천적이지만, 고교 과정에서 물리학을 접하지 않은 학생들이 풀기에는 상당히 어려운 문제였을 것이다. 따라서 이른바 '국어 31번 문제'를 성토하는 신문칼럼까지 등장했을 정도로 집중포화를 맞았는데, 가장 큰 비판의 논지는 국어 영역에 웬 난데없는 과학 문제가 나왔느냐, 형평성에 크게 어긋나는 것 아니냐는 것이었다.

그런데 가만히 생각해보면 이 역시 참으로 이상하고 해괴한 일인데, 여태껏 국어 영역에 다른 영역의 문제가 출제된 적이 예전에는 한 번도 없었던가? 분명 철학, 역사학, 경제학, 예술 등에 관한 문제가 자주 출제가 되었고, 해당 분야에 조예가 깊었던 학생들은 분명 다른 학생들보다 유리했을 것이다. 실제로 바로

31. <보기>를 참고할 때, [A]에 대한 이해로 적절하지 <u>않은</u> 것은? [3점]

── <보 기> ──

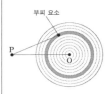

구는 무한히 작은 부피 요소들로 이루어져 있다. 그 부피 요소들이 빈틈없이 한 겹으로 배열되어 구 껍질을 이루고, 그런 구 껍질들이 구의 중심 O 주위에 반지름을 달리하며 양파처럼 겹겹이 싸여 구를 이룬다. 이때 부피 요소는 그것의 부피와 밀도를 곱한 값을 질량으로 갖는 질점으로 볼 수 있다.

(1) 같은 밀도의 부피 요소들이 하나의 구 껍질을 구성하면, 이 부피 요소들이 구 외부의 질점 P를 당기는 만유인력들의 총합은, 그 구 껍질과 동일한 질량을 갖는 질점이 그 구 껍질의 중심 O에서 P를 당기는 만유인력과 같다.

(2) (1)에서의 구 껍질들이 구를 구성할 때, 그 동심의 구 껍질들이 P를 당기는 만유인력들의 총합은, 그 구와 동일한 질량을 갖는 질점이 그 구의 중심 O에서 P를 당기는 만유인력과 같다.

(1), (2)에 의하면, 밀도가 균질하거나 구 대칭인 구를 구성하는 부피 요소들이 P를 당기는 만유인력들의 총합은, 그 구와 동일한 질량을 갖는 질점이 그 구의 중심 O에서 P를 당기는 만유인력과 같다.

① 밀도가 균질한 하나의 행성을 구성하는 동심의 구 껍질들이 같은 두께일 때, 하나의 구 껍질이 태양을 당기는 만유인력은 그 구 껍질의 반지름이 클수록 커지겠군.

② 태양의 중심에 있는 질량이 m인 질점이 지구 전체를 당기는 만유인력은, 지구의 중심에 있는 질량이 m인 질점이 태양 전체를 당기는 만유인력과 크기가 같겠군.

③ 질량이 M인 지구와 질량이 m인 달은, 둘의 중심 사이의 거리만큼 떨어져 있으면서 질량 M, m인 두 질점 사이의 만유인력과 동일한 크기의 힘으로 서로 당기겠군.

④ 태양을 구성하는 하나의 부피 요소와 지구 사이에 작용하는 만유인력은, 지구를 구성하는 모든 부피 요소들과 태양의 그 부피 요소 사이에 작용하는 만유인력들을 모두 더하면 구해지겠군.

⑤ 반지름이 R, 질량이 M인 지구와 지구 표면에서 높이 h에 중심이 있는 질량이 m인 구슬 사이의 만유인력은, $R+h$의 거리만큼 떨어져 있으면서 질량이 M, m인 두 질점 사이의 만유인력과 크기가 같겠군.

큰 논란을 낳았던 2019년도 대입수능 국어 31번 문제 ⓒ 한국교육과정평가원

이듬해에도 수능 국어 영역에 경제학에 관한 상당히 까다로운 문제가 출제되었지만, 큰 논란 없이 넘어간 바 있다. 다른 분야들은 국어 영역의 문제로 출제가 되어도 별문제가 없는데, 유독 '과학' 문제만은 안 된다는 이유가 도대체 무엇일까? 시험문제의 난이도에 대한 논란이야 생길 수 있겠지만, 과학 문제 또한 교양과 상식으로서 자연스럽게 받아들여질 때 비로소 진정한 과학의 대중화가 이루어질 것이다.

　나는 이 책에서 과학기술의 주요 분야별로 기초과학, 우주개발, 소재부품, 제4차 산업혁명, 감염병, 탄소중립이라는 6가지, 그리고 이를 뒷받침하기 위한 지원 분야로서 과학기술인력, 행정체계, 법령제도, 과학대중화라는 4가지를 더한 10개의 키워드를 통하여 정책 및 이슈의 발자취와 전망을 살펴보았다. 물론 이들 10개 키워드만 가장 중요하고 나머지는 간과해도 된다는 뜻은 결코 아니다. 마찬가지로 중요하지만 여러 한계로 인하여 부득이하게 제외된 것들도 적지 않다.

　다만 과학기술 분야이건 지원 분야이건 이들 키워드 및 각 장에서 논의되는 것들은 각각 따로 떨어져 있는 것이 아니라, 서로 긴밀하게 연관되거나 융합되어 있음을 유의해서 살펴볼 필요가 있다. 예를 들어 기초과학 분야건 우주개발, 또는 생명, 기후과학 분야이건 우수한 '과학기술인력'을 최대한 확보해야 한다는 것은 거의 모든 과학기술인이 소리높여 주장해온 바이다. 그런데 그동안 이를 위하여 상당한 기여를 해온 이공계대체복무제도가 폐지되거나 크게 축소된다면 앞으로 어찌 될 것인가? 또한 이공계 기피 현상 또는 최우수 학생들의 의약계 편중 현상이 엄존하는 현실에서 단순한 유인책이나 사탕발림은 통하지도 않을 것이고, 직무발명제도의 활성화 등을 통한 법제도적 지원 그리고 합리적인 과학기술 행정체계 등이 뒷받침되어야 한다.

감염병의 대응에서 백신 공포증을 극복하거나 탄소중립을 위한 사회적 합의를 이루기 위해서는 과학의 대중화가 필수적으로 요청되며 과학언론이 제 역할을 해야 한다. 코로나19를 둘러싼 온갖 인포데믹, 태양광 및 신재생에너지 등에 관한 악의적인 가짜 뉴스가 횡행하는 모습은 반드시 지양해야 할 것이다. 감염병의 대응에서 특히 부각된 또 하나의 중요 요소인 위험 커뮤니케이션은 바로 탄소중립의 과정에서 대중과 정부 간의 원활한 소통을 위해서도 강조되어야 하며, 다른 분야에도 마찬가지로 적용되어야 할 것이다.

과학기술 행정체계와 거버넌스에서 여러 차례 언급한 범부처적 R&D 연계 및 통합조정의 중요성은 갈수록 커지고 있는데, 감염병 대응, 탄소중립, 우주개발 및 소재·부품·장비 분야의 원활한 행정과 합리적 정책 수립은 모두 한두 부처에만 국한된 문제가 아니기 때문이다.

각 키워드 간의 네트워크와 융합은 주요 과학기술 분야와 지원 분야 사이에만 국한되는 것이 아니라, 각 지원 분야 또는 과학기술 분야 내에서도 교류와 넘나들기가 필요하다. 예를 들어 소재·부품·장비 분야의 혁신과 발전은 감염병 대응을 위한 백신 개발, 디지털 전환, 탄소중립을 위한 기술개발에서도 반드시 요구되며, 디지털 전환 기술은 탄소중립을 앞당기기 위한 신재생에너지 중심의 스마트그리드 기반 전력체계 구축을 비롯하여 감염병 대응을 위한 IT 기반 방역체계 등 다른 분야에 큰 도움을 줄 수 있다. 기초과학은 말 그대로 다른 거의 모든 과학기술 분야에서 공통으로 중요한 기반이 된다.

키워드 간의 융합에 몇 가지를 더 추가하자면 먼저 과학기술계 내부의 합리적 거버넌스를 강조하고 싶다. 다수 과학기술인의 집단지성의 힘을 빌린다면 선진적 과학기술 거버넌스 체계가 구축될 수 있으리라 생각한다.

합리적인 과학기술 거버넌스는 좁게는 연구개발 전략의 수립과 연구개발 예산의 배분 조정에서도 중요한 의미를 지닌다. 대다수 과학기술인은 자신이 연구하는 분야가 대단히 중요하므로 더 많은 연구개발비가 필요하다고 여길 것이다. 그렇다고 연구개발 예산을 무한정 늘리는 것은 불가능하며, 한정된 예산과 인력으로 모든 분야를 다 충분히 지원하기도 어렵고 선택과 집중이 불가피할 수도 있다. 그런데 과거 정부에서 10대 중점 개발

과제에서 탈락한 분야의 반발과 잡음이 적지 않기도 했다.

긴 안목에서 중장기적 발전을 위해 필수적인 기초과학, 그리고 당장 시급한 현안을 해결할 수 있는 온갖 응용기술, 또한 그 중에서도 각 세부 분야별로 어떻게 우선순위를 정하고 효율적으로 연구개발비를 배분할 것인가는 대단히 중요한 문제이다. 그런데 이를 최고권력층 또는 정치권과의 개인적 친분을 통해서 해야 할까? 아니면 해당 공무원에게 로비를 잘해서 원하는 바를 얻어야 할까? 대다수 과학기술인이 동의할 수 있는 합리적 과학기술 거버넌스 과정을 통하여 핵심 연구개발 분야의 선정과 연구개발비 배분 조정이 이루어져야 한다.

중이온가속기는 이미 건설 중이다. 천덕꾸러기 취급을 받던 미운 오리 새끼가 화려한 백조로 변신하기를 기대해야겠지만, 사실 정치권과의 '잘못된 만남'에서 시작한 중이온가속기 사업은 과학기술 거버넌스 면에서 철저한 반성이 있어야 한다. 그러나 과학기술정책에 정치적 요소가 개입하면 안 된다는 의미가 결코 아니다. 다른 분야와 마찬가지로 과학기술 역시 넓은 의미의 정치와 관련을 맺는 것이 불가피하다. 다만 국가의 백년대계로 수립되어야 할 과학기술정책이 지나치게 특정 정파적 이해에 좌우되어서는 매우 곤란하며, 과학기술계 또한 합리적 거버넌스보다는 자신의 특정 분야를 위하여 '힘 있는' 쪽에만 줄을 대거나 의존하려 해서는 곤란하다는 뜻이다.

앞의 본문에도 언급하였지만, 정부가 할 일과 민간이 할 일을 정확히 구분하여 추진하는 태도는 특정 분야만이 아닌 거의 전 분야에서 요청된다. 즉 정부가 할 일은 시장 실패에 대응하는 기반기술 개발이나 인프라의 구축, 그리고 관련 규제의 개혁이나 새로운 법제, 규범의 마련 등이다. 그런데 민간에 맡겨두어야 할 일들에 정부가 속된 말로 '숟가락을 얹는' 사례가 없지 않았고, 도리어 정부가 꼭 해야 할 일을 소홀히 한 경우도 있다. 양자를 잘 구분해서 효율적인 역할 분담을 통한 시너지 효과를 창출해야 할 것이다.

선진적 과학기술을 구현하기 위해서는 과학기술인을 포함하여 사회 각계 및 구성원이 보다 선진적이고 민주적인 관계를 형성해야 한다. 앞의 소재·부품·장비 혁신과 관련해서 대기업-중소기업 간 전근대적 불평등 구조를 탈피하여 대등한 협력 관계를 구현하는 것이 매우 중요하다고 언급했다. 이른바 '갑질'을 일삼는 수직적 상하관계나 일방적 종속관계가 아닌, 대등하고 수평적인 상호존중 관계의 정립은 연구개발자와 관리자 간에도, 교수와 대학원생 간에도, 정부 내 본부와 산하기관 간에도 반드시 이루어져야 한다. 봉건적이거나 전근대적인 관계 구조에서는 창의적인 아이디어나 탁월한 방안이 나오기가 매우 힘들다.

이 책의 중반에서 언급하였던, 우리 사회의 이공계 기피 현상이 심화된 지 거의 20년이 되었다. 하지만 다행히도 우리나라는 과학기술 강국의 면모를 보이고 있다. 2000년 전후로 나름의 사명감을 가지고 이공계에 진학했던 우수 인재들이 이제 40, 50대가 되어 과학기술계에서 중추 역할을 맡고 있다. 또한 1990년대 이공계 대학 증설로 질적으로는 다소 저하되었을지 몰라도 전체 과학기술 인력의 양적 규모가 아직 유지되고 있기 때문에 과학기술 강국이 가능했을 것이라 생각한다.

그러나 최근 몇 년 사이에 수도권이든 지방이든 세칭 명문대이든 아니든 이공계 대학원생이 급감하면서 공동화 위기로 치닫고 있다. 대학원 과정에서 더욱 심각해진 이공계 기피 현상과 더불어 학령인구 감소가 겹치면서 과학기술 인력의 양적 규모 유지마저 어려워진다면, 우리는 앞으로 선진국 진출은커녕 급속한 퇴보나 몰락의 나락으로 떨어질지 모른다.

이를 극복하기 위한 열쇠와 관련된 저출산 고령화에 대응하는 문제, 지방 소멸과 지역 격차 해소 문제 및 이공계 교육의 혁신 방안 등은 안타깝게도 이 책에서 다루지 못하였다. 또한 그밖의 여러 주요 이슈도 포함되지 못하였는데, 부족한 부분들은 나보다 뛰어난 전문가와 현자들께서 잘 메워주시리라 생각한다. 앞으로 과학기술정책과 관련 이슈들에 대해 과학기술인이나 정책전문가뿐 아니라 대중도 관심을 가지고 활발히 논의에 참여하여, 보다 나은 과학기술정책이 도출될 수 있으리라 기대해본다.

과학사를 전공하지 않은 내가 첫 책으로서 과학사에 관한 대중 서적을 내는 만용을 부린 지 벌써 20년이 더 지났다. 과학기술정책이나 행정 분야 역시 제대로 공부한 적 없음에도 불구하고 이번에 다시 한 번 만용을 부린 셈인데, 굳이 변명하자면 나의 오랜 고민과 문제의식을 담은 일종의 숙원사업이기도 하다.

거의 40년 전 대학 3학년 시절에 나는 '국가와 과학기술정책'이라는 주제로 자연대 학생들의 심포지엄을 책임지고 맡아서 어렵게 개최를 성사시킨 적이 있다. 노벨과학상을 꿈꾸며 대학에 입학한 천진난만한 물리학도였던 나는 그 전후로 삶의 목표와 궤적이 상당히 변화한 셈이다.

맹자는 일찍이 "뜻을 얻으면 많은 사람들과 함께하고, 뜻을 얻지 못해도 혼자서 옳은 길을 가야 한다(得志與民由之 不得志獨行其道)"라고 말한 바 있다. 학교를 졸업한 후 대기업 연구원 및 중소기업 연구소장 등 연구개발과 컨설팅 업무를 하며 생업에 급급하기도 하였지만, 과학기술단체의 운영진으로 활동하면서 정부의 과학기술정책 자문 등에 활발히 참여하기도 하였다. 단체의 활동이나 정부 자문 업무가 뜸했던 시기에도 개인적으로 신문, 잡지 등에 과학 칼럼을 연재하고 몇 권의 책을 저술한 과학평론가로서, 이 나라 과학기술 발전에 미력하나마 도움이 되고자 꾸준히 노력해왔다.

과학기술정책에 관한 책을 내려고 생각한 지는 벌써 10여 년이 지났는데, 그동안 나의 능력 부족과 여러 여건으로 지금껏 미뤄지게 되었다. 처음에 이런 구상과 준비에 도움을 준 이에게 고맙고도 미안한 마음을 전한다. 부족하기 그지없는 내가 늦게나마 이런 책을 낼 수 있게 된 데에는 많은 이의 도움과 조언이 있었다.

먼저 내가 오랫동안 운영위원으로서 몸담아온 한국과학기술인연합(SCIENG) 회원과 운영진에게 감사의 뜻을 전한다. 이 책에 나오는 적지 않은 내용과 문제의식이 그곳 게시판에서 토론된 바 있는데, 다만 단체의 공식 입장은 아님을 밝힌다. 최근에는 활동성이 많이 떨어진 듯하여 아쉽기는 하지만 그동안 과학기술 거버넌스에서 큰 몫을 담당해왔음을 상기하고자 한다.

훌륭한 조언과 협조를 아끼지 않으신 박상욱 교수님, 김상선 교수님, 성언창 박사님, 이승용 박사님, 윤민영 박사님, 김인중 박사님, 최병관 실장님, 이근영 기자님, 김희원 기자님, 문환구 변리사님, 유현이 님께도 고맙다는 인사를 전하며, 그 밖에도 크고 작은 도움을 주신, 일일이 다 거명하기 어려울 정도로 많은 분들께 죄송스럽다는 말씀과 함께 양해를 당부드린다. 기존의 교양과학서적과 달라서 약간 생소해 보일 수 있는 이 책의 출판과 편집을 흔쾌히 맡아서 수고해주신 도진호 대표님을 비롯한 출판사 관계자분들께도 감사를 드린다.

　오랫동안 곁에서 큰 힘이 되어준 가족에게도 고맙다는 마음을 전하며, 그동안 변변한 선물 하나 사 주지 못한 아내에게 올해 조촐한 은혼식 선물로 이 책을 바친다.

2022년 4월

최성우

| 참고문헌 |

국내서

- 강현규 외, 《정부R&D 기반구축 연구: 소재·부품·장비 분야 중심으로》, 한국과학기술기획평가원, 2021.
- 과학기술정보통신부, 《제3차 과학기술문화 기본계획(안)》, 2020.
- 과학기술정보통신부, 한국과학기술기획평가원, 《2020년도 연구개발활동조사보고서》, 2021.
- 과학기술정책연구원, 『4차 산업혁명, 아직 말하지 않은 것들』, 이새, 2018.
- 과학기술특허포럼 외, 《과학기술 발전을 위한 사법개혁》, 특허법원 개원5주년 기념 국민대토론회, 2003.
- 김명자, 『원자력 딜레마』, 사이언스북스, 2011.
- 김상균, 신병호, 『메타버스 새로운 기회』, 베가북스, 2021.
- 김석관 외, 《4차 산업혁명 기술 동인과 산업 파급 전망》, 과학기술정책연구원, 2017.
- 김선정, 김승군, 『선진국 직무발명보상제도 연구』, 한국발명진흥회, 2002.
- 김승환 외, 《과학기술 이해증진 및 언론보도 정확성 제고 방안》, 국가과학기술자문회의, 2006.
- 김태유, 신문주, 『공직의 유전자를 변화시켜라』, 삼성경제연구소, 2009.
- 대한민국정부, 《대한민국 2050 탄소중립 전략》, 2020.
- 로이 W. 스펜서, 이순희 역, 『기후 커넥션』, 비아북, 2008.
- 마이니치신문 과학환경부, 김범성 역, 『이공계 살리기』, 사이언스북스, 2004.
- 매일경제신문사, 『비욘드 그래비티』, 2021.
- 맹미선, 「알파고 쇼크와 4차산업혁명 담론의 확산: 과학기술유행어의 수사적 기능분석을 중심으로」, 서울대 석사학위논문, 2017.
- 문성실, 《COVID-19 유행 및 연구 동향》, BRIC View 동향리포트, 2020.
- 문환구, 『발명, 노벨상으로 빛나다』, 지식의날개, 2021.
- 박상욱 외, 《혁신주체의 참여를 통한 과학기술 거버넌스 구축방안》, 과학기술정책연구원, 2005.
- 배상철, 「기업의 직무발명에 관한 연구」, 산업재산권 제16호, 2004.
- 비외른 롬보르, 홍욱희/김승욱 역, 『회의적 환경주의자』, 에코리브르, 2003.

- 산업자원부 산업기술정책과, 노동부 노사협력복지과, 특허청 발명정책과 《직무발명보상제도 실태 조사》, 2004.
- 산업통상자원부, 《소재·부품·장비 경쟁력 강화 2년 성과 대국민 보고》, 보도참고자료, 2021.
- 서울대학교 공과대학 이정동 외, 『축적의 시간』, 지식노마드, 2015.
- 송성수, 《역사에서 배우는 산업혁명론: 제4차산업혁명과 관련하여》, STEPI Insight vol. 207, 과학기술정책연구원, 2017.
- 안종주, 『코로나 전쟁, 인간과 인간의 싸움』, 동아엠앤비, 2020.
- 안형준 외, 《뉴스페이스 시대, 국내우주산업 현황 진단과 정책대응》, 과학기술정책연구원, 2019.
- 오재건, 《우주산업의 기술혁신패턴과 전개방향: 발사체를 중심으로》, 과학기술정책연구원, 1999.
- 유종태 외, 《정부R&D 투자전략 수립 연구: 소재·부품·장비 분야 중심으로》, 한국과학기술기획평가원, 2020.
- 이광호, 《제조업의 허리강화: 부품소재 중핵기업 육성》, 혁신정책 Brief, 과학기술정책연구원, 2006.
- 이민형 외, 《거대과학 종합관리체계 구축 및 추진 전략》, 과학기술정책연구원, 2010.
- 이민형 외, 《창의적 성과창출을 위한 기초연구 지원관리제도 개선 방안》, 과학기술정책연구원, 2013.
- 이윤주, 「직무발명의 법정 보상금 제도에 관한 비교법적인 고찰」, 제19회 지식재산권연구 포럼, 2005.
- 이은정, 「과학 저널리즘의 세계 동향과 한국의 위기」, 과학기자대회발표자료, 한국과학기자협회, 2019.
- 이정동 외, 《과학기술혁신을 위한 직무발명제도의 보상체계 개선방안》, 국가과학기술자문회의, 2005.
- 임경순, 『20세기 과학의 쟁점』, 민음사, 1995.
- 임경순, 『21세기 과학의 쟁점』, 사이언스북스, 2000.
- 장영욱 외, 《주요국의 오미크론 변이확산 대응전략과 시사점》, 대외경제정책연구원, 2022.
- 전방욱, 『DNA 혁명 크리스퍼 유전자가위』, 이상북스, 2017.
- 정부 관계부처 합동, 《2050 탄소중립 시나리오안》, 2021.
- 정부 관계부처 합동, 《과학기술문화창달 5개년 계획》, 2003.
- 정부 관계부처 합동, 《대외의존형 산업구조 탈피를 위한 소재·부품·장비 경쟁력 강화 대책》, 2019.
- 정부 관계부처 합동, 《소재·부품·장비 미래선도형 R&D 추진방안》, 2021.
- 정부 전 부처 합동, 《이명박 정부의 과학기술기본계획: 577 Initiative》, 2008.

- 정재승, 『열두 발자국』, 어크로스, 2018.
- 제러미 리프킨, 안진환 역, 『3차 산업혁명』, 민음사, 2012.
- 제러미 리프킨, 안진환 역, 『글로벌 그린뉴딜』, 민음사, 2020.
- 제러미 리프킨, 이진수 역, 『수소혁명』, 민음사, 2002.
- 조나현 외, 《무역환경 선도형 소재·부품 확보를 위한 정부R&D 투자전략》, 한국과학기술기획평가원, 2018.
- 조천호, 『파란하늘 빨간지구』, 동아시아, 2019.
- 조현대 외, 《기초연구 성과 창출 및 확산 촉진을 위한 연구시스템 개선방안》, 과학기술정책연구원, 2010.
- 조현대 외, 《선도형 R&D 전환을 위한 기초연구사업 지원체계 분석 및 개선방안》, 과학기술정책연구원, 2014.
- 최석식, 『과학기술정책론』, 시그마프레스, 2011.
- 최성우 외, 《이공계 대체복무제도의 개선방안에 관한 연구》, 과학기술정책연구원, 2003.
- 최성우 외, 《이공계 비정규직 실태조사와 문제 해결 방안에 관한 연구》, 국가과학기술자문회의, 2004.
- 최성우, 『과학사 X파일』, 사이언스북스, 1999.
- 최성우, 『과학은 어디로 가는가』, 이순, 2011.
- 최성우, 『상상은 미래를 부른다』, 사이언스북스, 2002.
- 클라우스 슈밥, 송경진 역, 『클라우스 슈밥의 제4차 산업혁명』, 새로운 현재, 2016.
- 토머스 프리드먼, 최정임 역, 『코드 그린』, 21세기북스, 2008.
- 특허청, 《2020년도 지식재산활동 실태조사》, 2021.
- 프레드 싱거, 데니스 에이버리, 김민정 역, 『지구온난화에 속지 마라』, 동아시아, 2009.
- 한국과학기술원 대학원 총학생회, 《과학기술인과 특허법원의 역할》, 2002.
- 한국과학기술인연합, 《현장으로부터의 정책 제안: 참여과학기술인 토론회》, 2003.
- 한국과학기자협회, 《과학이 실종된 과학기술정책, 어디로 가야 하나?》, 과학기자대회자료집, 2021.
- 한국과학기자협회, 《넥스트 팬데믹, 위기와 과제는?》, 과학기자대회자료집, 2021.
- 한국과학기자협회, 《대한민국 감염병 R&D 현황과 과제》, 과학이슈페이퍼, 2020.
- 한국과학기자협회, 《독자개발 누리호와 미래 발사체 개발》, 과학이슈페이퍼, 2020.
- 한국과학기자협회, 《전문연구요원제도, 그 해법은 없나?》, 과학언론이슈토론회, 2019.
- 한국과학기자협회, 《탄소 중립의 이상과 현실, 어디까지 가능한가?》, 과학기자대회자료집, 2021.
- 한국과학창의재단, 《과학기술문화 미래전략 보고서》, 2022.

- 홍사균, 박하얀, 《창조경제에의 국민 참여 확대를 위한 과학기술 인프라 구축방안》, 과학기술정 책연구원, 2013.
- 홍성욱 외, 『4차산업이라는 유령』, 휴머니스트, 2017.
- 홍성욱 외, 《과학기술중심사회를 위한 과학문화혁신방안 연구》, 국가과학기술자문회의, 2005.
- 홍성욱, 『과학은 얼마나』, 서울대학교 출판부, 2004.
- 홍성욱, 『홍성욱의 STS, 과학을 경청하다』, 동아시아, 2016.
- 홍성주, 송위진, 『현대 한국의 과학기술정책』, 들녘, 2017.

국외서

- Christoph Roser, "A Critical Look at Industry 4.0", *AllAboutLean.com* Dec. 29, 2015.
- David Edgerton, "Innovations, Technology, or History: What is the Historiography of Technology About", *Technology and Culture* 51, 2010
- Donald E. Stokes, *Pasteur's Quadrant: Basic Science and Technological Innovation*, Brookings Institution Press, 1997.
- Elizabeth Garbee, "This is Not the Fourth Industrial Revolution", *Slate* 29 Jan. 2016.
- Ichiro Nakayama, "Patent Ownership and Rewards for Inventions in Japanese Public Research Organizations", *Working Paper*, 2002.
- Jane Calvent, Ben R. Martin, "Changing Conceptions of Basic Research?", *Background report for the OECD Workshop on Basic Research*, 2001.
- John Irvine, Ben R. Martin, *Foresight in Science: Picking the Winners*, F. Pinter, 1984.
- OECD, *Frascati Manual*, 1994.
- Richard R. Nelson, *National Innovation Systems: A Comparative Analysis*, Oxford University Press, 1993
- Roland Kirstein, Birgit E. Will, "Efficient Compensation for Employees' Invention", *Discussion Paper*, 2003.
- Steve Fuller, "The argument of The Governance of Science", *Futures* 34, 2002.
- U.S. Food & Drug Administration, "South Korea's Response to COVID-19" 2021.
- Vineet D Menarchery et al., "A SARS-like cluster of circulating bat coronaviruses shows potential for human energence", *Nature Medison*, vol.21 Num.12, December 2015.
- W. W. Rostow, "The World Economy Since 1945: A Stylized Historical Analysis", *Economic History Review* 38, 1985.

- 永野周志 『職務發明の理論と實務』, ぎょうせい, 2004.
- 長岡貞男 「研究開發のリスクと職務發明制度」, 至才管理, Vol.54 No.6, 2004.
- 《從業員の發明に対する處遇について》(労動に関するWEB企業調査), 日本労動研究機構, 2004.
- 竹田和彦 『發明はたれのものか』, ダイアモンド社, 2002.

웹사이트

- SCoPEx   https://www.keutschgroup.com/scopex
- 과학기술정보통신부   https://www.msit.go.kr
- 과학기술정책연구원   https://www.stepi.re.kr
- 국가우주정책센터   https://stepi.re.kr/site/sprec/01/10101000000002021120915.jsp
- 기후변화 행동연구소   https://www.climateaction.re.kr
- 바른 과학기술사회 실현을 위한 국민연합   http://feelsci.org
- 변화를 꿈꾸는 과학기술인 네트워크(ESC)   https://www.esckorea.org
- 사이언스타임즈   https://www.sciencetimes.co.kr
- 생물학정보연구센터(BRIC)   https://www.ibric.org
- 한국과학기술기획평가원   https://www.kistep.re.kr
- 한국과학기술단체총연합회   https://kofst.or.kr
- 한국과학기술인연합(SCIENG)   http://www.scieng.net
- 한국과학기자협회   https://www.koreasja.org
- 한국과학창의재단   https://www.kofac.re.kr

대통령을 위한 과학기술,
시대를 통찰하는 안목을 위하여

초판 1쇄 2022년 4월 27일
지은이 최성우 | **편집** 북지육림 | **북디자인** 이선영 | **제작** 제이오
펴낸곳 지노 | **펴낸이** 도진호, 조소진 | **출판신고** 제2019-000277호
주소 경기도 고양시 일산서구 중앙로 1542, 653호
전화 070-4156-7770 | **팩스** 031-629-6577 | **이메일** jinopress@gmail.com

ⓒ 최성우, 2022
ISBN 979-11-90282-42-0 (03500)